新型职业农民培育工程规划教材

现代畜禽生产技术

孙志智　周元军　王忠坤　主编

中国农业科学技术出版社

图书在版编目（CIP）数据

现代畜禽生产技术／孙志智，周元军，王忠坤主编.—北京：
中国农业科学技术出版社，2015.7（2025.1重印）
（新型职业农民培育工程规划教材）
ISBN 978 - 7 - 5116 - 2162 - 7

Ⅰ.①现…　Ⅱ.①孙…②周…③王…　Ⅲ.①畜禽 - 饲养管理 -
教材　Ⅳ.①S815

中国版本图书馆 CIP 数据核字（2015）第 148473 号

责任编辑　　徐　毅
责任校对　　贾海霞

出 版 者	中国农业科学技术出版社
	北京市中关村南大街 12 号　邮编：100081
电　　话	（010）82106631（编辑室）　（010）82109702（发行部）
	（010）82109709（读者服务部）
传　　真	（010）82106631
网　　址	http：//www.castp.cn
经 销 者	各地新华书店
印 刷 者	北京虎彩文化传播有限公司
开　　本	787 mm×1 092 mm　　1/16
印　　张	11
字　　数	250 千字
版　　次	2015 年 7 月第 1 版　2025 年 1 月第 4 次印刷
定　　价	30.00 元

《现代畜禽生产技术》
编 委 会

主　任　鞠艳峰
副主任　鞠成祥
委　员　范开业　于　静　贺淑杉　张　谦　丁立斌
　　　　孙志智　怀德良　赵成宇　王志远　王印芹
　　　　蔡春华　訾爱梅　刘元龙　胡树雷　孙运欣
　　　　王春田　张道伦　尹佳玲　李栋宝　王世法
　　　　冷本谦
主　编　孙志智　周元军　王忠坤
副主编　孙运欣　彭艳华　李秀堂
编　者　王忠坤　孙运欣　孙志智　吕金科　李秀堂
　　　　张敬青　周元军　彭艳华　薛彦宁

序

当前，我国正处于传统农业向现代农业转化的关键时期，大量先进农业科学技术、高效率农业设施装备、现代化经营管理理念越来越多地引入到农业生产的各个领域。农民作为生产力中的劳动者要素，是发展现代农业的主体，是农村经济和社会发展的建设者和受益者。但长期以来，我国实行城乡二元结构模式，农民收入低、素质差、职业幸福感不高。目前，农村村庄空心化，种地农民兼业化、老龄化、女性化趋势日益明显，"关键农时缺人手、现代农业缺人才、农业生产缺人力"问题非常突出。因此，只有加快培育一大批爱农、懂农、务农的新型职业农民，才能从根本上保证农业后继有人，从而为推进现代农业稳定发展、实现农民持续增收打下坚实的基础。

2012年，中央一号文件首次正式提出大力培育新型职业农民。2013年11月，习总书记在视察山东时指出，农业出路在现代化，农业现代化关键在科技进步。要适时调整农业技术进步路线，加强农业科技人才队伍建设，培养新型职业农民。习总书记的这些重要论断，为加快培育新型职业农民指明了方向。大力培育新型职业农民，已上升为国家战略。

临沂是农业大市，市委、市政府高度重视农业农村工作，全市农业战线同志们兢兢业业，创新工作，临沂农业取得令人振奋的成绩。临沂市是全国粮食生产先进市，先后被授予"中国蔬菜之乡"、"中国大蒜之乡"、"中国牛蒡之乡"、"中国金银花之乡"、"中国桃业第一市"、"山东南菜园"等称号。品牌农业发展创造了"临沂模式"。为了适应经济发展新常态，按照"走在前列"的要求，临沂市委、市政府决定重点抓好现代农业"五大工程"，努力在提高粮食生产能力上挖掘新潜力，在优化农业结构上开辟新途径，在建设新农村上迈出新步伐，稳步实施农业现代化战略。

2014年临沂市作为全国14个地级市之一，被列为全国新型职业农民培育整体推进示范市。市政府专门下发了《关于加强新型职业农民培育工作的意见》，围绕服务全市现代农业"四大板块"发展，按照精准选择培育对象，精细开展教育培训的原则，突出抓好农民田间课堂"六统一"规范化建设和新型职业农民培训示范社区"六个一"标准化建设，实践探索了新型职业农民培育的临沂模式，一批新型职业农民脱颖而出，成为当地农业发展，农民致富的带头人、主力军。

为了加快现代农业新技术的推广应用，推进新型职业农民培育和新型农业经营主体融合发展，临沂市农广校组织部分农业生产一线的技术骨干和农业科研院所、农业高校的专家教授，编写了《新型职业农民培育工程培训教材》丛书，该丛书涉及粮食作物、园艺蔬菜、畜牧养殖、新型农业经营主体规范与提升等相关技术知识，希望这套丛书的出版，能够为提升新型职业农民素质，加快全市现代农业发展和"大美新"临沂建设起到积极的促进作用。

临沂市农业局局长 党委书记 鞠艳峰

二〇一五年六月

前　言

畜禽业的重要地位体现在关乎畜产品供应、食品质量安全、生态环境安全及农民增收上。改革开放以来，畜牧业在 1978—1984 年为缓解城乡居民"吃肉难"问题阶段；1985—1996 年为满足城乡居民"菜篮子"产品需求阶段；1997—2006 年为产品结构优化调整阶段；2007 年至今为向现代畜牧业转型阶段。向现代畜牧业转型阶段的主要特征表现为国家政策强力推动畜牧业进入快速转型期及现代畜牧业生产体系逐步建立。畜牧业实现年产值 2.7 万亿元，从家庭副业一跃成为我国农业重要的支柱产业。畜产品产量稳步增长，人均肉类占有量超过世界平均水平，人均禽蛋占有量达到发达国家水平，但人均奶类占有量仅为世界平均水平的 1/4。从肉类结构变化趋势上看，猪肉从 1985 年占比 85.9% 下降到 2013 年的 64.4%，降低 21%；牛羊肉的比重小幅增长，从 5.6% 上升到 12.7%，禽肉的比重稳步增长，从 8.3% 上升到 21.1%。规模化养殖的步伐日益加快，2012 年 500 头以上生猪规模养殖比重占 39%，奶牛 100 头以上规模养殖比重为 37%，蛋鸡 2 000 只以上规模养殖比重占 65%。

然而，我国畜牧业总体上尚处于个体单一经营阶段，养殖规模小、管理粗放、资金不足、经济效益低、缺乏市场竞争力，尽管在一些地区出现了专业化、集约化养殖场，但基础差、底子薄，受整个大环境影响的因素较多，畜禽产品质量安全问题十分突出。畜禽产品污染和有毒有害物质残留比较严重，使消费者缺乏安全感。特别是禽流感、猪流感等非人为因素，与注水肉、病猪肉等人为因素的影响，极大损害了人们对畜禽质量安全的信心，给人民的身体健康带来较大的威胁。在新的形势下，生产和发展安全的畜禽产品是增加其附加值、农民脱贫致富和实现现代畜禽业可持续发展的有效途径。

为了解决现代畜禽安全生产和发展的诸多问题，并结合农民科技培训的实际需要，我们组织有关专家编著了《现代畜禽生产技术》一书，作为新型职业农民培育丛书之一。

本书主要内容包括奶牛、肉牛、肉羊、肉猪、蛋鸡和肉鸡等畜禽生产管理技术。技术先进科学、简明实用，既可作为畜禽生产一线的生产人员的培训教材，也可作为从事畜禽养殖技术推广人员、管理人员和农业职业院校师生的学习参考用书。

由于编写任务紧，时间仓促，编者水平有限，本书难免有不妥之处，恳请读者不吝指正。

编　者

二〇一五年六月

目　录

第一章　奶牛生产

第一节　品种的选择

一、奶牛品种及特点

1. 荷斯坦牛

原产于荷兰北部的北荷兰省和西弗里生省，经长期培育而成。荷斯坦牛风土驯化能力强，世界大多数国家均能饲养。经各国长期的驯化及系统选育，育成了各具特征的荷斯坦牛，并冠以该国国名，如美国荷斯坦牛、加拿大荷斯坦牛、日本荷斯坦牛、中国荷斯坦牛等。

近一个世纪以来，由于各国对荷斯坦牛选育方向不同，分别育成了以美国、加拿大、以色列等国为代表的乳用型和以荷兰、德国、丹麦、瑞典、挪威等欧洲国家为代表的乳肉兼用型两大类型。

外貌特征：体格高大，结构匀称，皮薄骨细，皮下脂肪少，乳房特别庞大，乳静脉明显，后躯较前躯发达，侧望成楔形，具有典型的乳用型外貌。被毛细短，毛色呈黑白斑块，界限分明，额部有白星，腹下、四肢下部及尾帚为白色。成年公牛体重为900 ~ 1 200kg，母牛体重650 ~750kg，体高135cm，犊牛初生重40 ~50kg。

生产性能：乳用荷斯坦牛的产奶量为各奶牛品种之冠，1999年荷兰全国荷斯坦牛平均产奶量为8 016kg，乳脂率为4.4%，乳蛋白率为3.42%；美国2000年登记的荷斯坦牛平均产奶量达9 777kg，乳脂率为3.66%，乳蛋白率为3.23%。荷斯坦牛的缺点是乳脂率较低，不耐热，高温时产奶量明显下降。

2. 绢姗牛

属小型乳用品种，原产于英吉利海峡南段的绢姗岛。

外貌特征：体型小、清秀、轮廓清晰。头小而轻，两眼间距宽，眼大而明亮，额部稍凹陷，耳大而薄，鬐甲狭窄，肩直立，胸深宽，背腰平直，腹围大，尻长平宽，尾帚细长，四肢较细，关节明显，蹄小。乳房发育匀称，形状美观，乳静脉粗大而弯曲，后躯较前躯发达，体形呈楔形。成年公牛体重为650 ~750kg，母牛体重340 ~450kg，体高113.5cm，犊牛初生重23 ~27kg。

生产性能：绢姗牛的最大特点是乳质浓厚，单位体重产奶量高，乳脂肪球大，易于分离，乳脂黄色，风味好，适于制作黄油，其鲜奶及奶制品备受欢迎。一般年平均产奶量为3 500kg，乳脂率5.5% ~6%，乳蛋白率3.7% ~4.4%。绢姗牛较耐热，印度、斯里兰卡、日本、新西兰、澳大利亚均有饲养。

3. 爱尔夏牛

属于中型乳用品种，原产于英国爱尔夏郡。该牛最初属肉用型，1750年开始引进荷斯坦牛、更赛牛、绢姗牛等乳用品种杂交改良，于18世纪末育成为乳用品种。爱尔夏牛以早熟、耐粗，适应性强为特点，先后出口到日本、美国、芬兰、澳大利亚、加拿大、新西兰等30多个国家。我国广西、湖南等许多省区市曾有引进，但由于该品种富精神质，不易管理，如今纯种牛已很少。

外貌特征：角细长，形状优美，角根部向外方凸出，逐向上弯，尖端稍向后弯，为蜡色，角尖呈黑色。体格中等，结构匀称，被毛为红白花，有些牛白色占优势。该品种外貌的重要特征是其奇特的角形及被毛有小块的红斑或红白纱毛。鼻镜、眼圈浅红色，尾帚白色。乳房发达，发育匀称成方形，乳头中等大小，乳静脉明显。成年公牛体重800kg，母牛体重550kg，体高128cm，犊牛初生重30~40kg。

生产性能：美国爱尔夏牛年平均产奶量为5 448kg，乳脂率3.9%，个别高产个体达7 718kg，乳脂率4.12%。

4. 中国荷斯坦牛

原名"中国黑白花牛"，是由国外引进的纯种荷斯坦长期与国内各地黄牛进行级进杂交、选育而成，是我国的最主要奶牛品种。

外貌特征：体质细致结实，结构匀称，毛色为黑白相间，花片分明，额部有白斑，腹下、四肢膝关节以下及尾帚呈白色。乳房附着良好，质地柔软，乳静脉明显，乳头大小、分布适中。

生产性能：成母牛平均产奶量为4 774kg，平均乳脂率在3.4%以上，个别高产牛群产奶量已超过8 000kg。总体上，北方地区产奶量较高，平均为5 000~6 000kg，南方地区由于气候炎热，产奶水平相对较低，平均为4 500~5 500kg。

其中荷斯坦牛遍布全世界，已成为国际性品种，因其体型大、产奶量高，现已成为全世界奶牛业的当家品种。

二、选购奶牛时应注意的事项

开始建立奶牛群时，大多是采用引进母牛、育成牛或是犊牛等3种方法。在引进母牛及育成牛时，可能是空怀牛或是已孕牛，对这两种牛的选择，主要决定于希望其产奶的时间。一般情况下，引进的母牛平均能留在群内约4年时间，大多数在7岁以前予以淘汰。

当购进育成牛时，必须有其母亲的生产性能及父亲的遗传能力的记录资料。

（1）选购牛时必须查新产品试销，阅读有关资料，愈详细愈好。成年母牛必须有生产记录和系谱。

（2）根据公牛的遗传资料选购良种公牛的精液，与母牛配种，也不失为一种好的方法。

（3）对购入的牛还必须采取防疫措施，避免传入疾病，特别是结核病、传染性流产、钩端螺旋体病、滴虫病以及乳房炎等。即使许多疾病可以采用免疫及严格检疫的办法，但新引进的牛仍必须隔离 30～60 天，在隔离的末期再次检疫，确定无病后才能进入大群。

（一）高产奶牛的选购要点

高产奶牛是指一个泌乳期 305 天，产奶量 6 000kg 以上，乳脂率 3.4%（或与此相当的乳脂量）的牛群和个体奶牛。

1. 根据品种

当前全世界奶牛品种，主要有荷斯坦牛（又称黑白花牛）、绢珊牛、更赛牛、爱尔夏牛及瑞士褐牛。我国饲养奶牛品种中 95% 以上是中国荷斯坦牛（中国黑白花牛），荷斯坦牛属大体型奶牛，产奶量最高，年产万千克以上的牛群比较多见，我国最高牛群已达 8 773.2kg。美国个体产奶量最高的 1 头母牛里斯达 365 天产奶已达 30 833kg，乳脂率 3.3%。所以，为了获得奶牛高产，首先应选择荷斯坦牛。

2. 根据产奶成绩

测定牛的产奶和乳脂率两项指标（有的还测定乳蛋白率），是挑选高产牛最重要的依据。生产者对每头产奶牛，每个月应自己测量 1 次产奶量和由收奶单位分析 1 次乳脂率，两次测定的间隔时间不能少于 26 天，不能长于 35 天。奶牛在正常情况下，1 年产犊 1 次，产前停奶 2 个月，所以，1 个泌乳期产奶时间规定为 305 天，高产牛也可为 365 天。

从遗传学角度讲，产奶量和乳脂率呈负相关。产奶量越高，乳脂率越低。所以挑选高产牛，除根据产奶量外，对乳脂率更应重视。其次，挑选高产牛还有个特点，分娩后，产奶高峰期出现比低产牛晚（高产牛一般在分娩后 56～70 天；低产牛为产后 20～30 天），而且高峰期持续时间较长（100 天左右）；高峰期过后，高产牛产奶量下降趋势比低产牛缓慢；泌乳末期，低产牛一般自动停止产奶，而高产牛则产奶不止。如果购买奶牛，购买者必须查阅拟购牛的产奶记录或现场观察产奶实况。

3. 根据体型外貌

奶牛体型外貌的优劣与其产奶成绩关系非常密切。挑选好的体型外貌，特别是好的乳房及肢蹄对提高产奶成绩十分重要。高产牛的体型特点是：体格高大，中躯容积多，乳用体型明显，乳房附着结实，肢蹄强壮，乳头大小适中。

（1）体重体尺。我国北方荷斯坦牛成年母牛体重和体高分别为 500～600kg 和 136cm，南方体高为 130cm。

（2）体型。整体呈三角形，即从前望，以耆甲为顶点，顺两侧肩部向下引 2 条直线，越往下越宽，呈三角形；从侧面看，后躯深，前躯浅，背线和腹线向前伸延相交呈三角形；从上边向下看，前躯窄，后躯宽，两体侧线在前方相交也呈三角形。

（3）乳房。它是最重要的功能性体型特征，乳房基部应前伸后延，附着良好。4 个乳区匀称，后乳区高而宽。乳头垂直呈柱形，间距匀称。

（4）肢蹄。尤其后肢更为重要。母牛生殖器官及乳房均在后躯，需要坚强的后肢。总之，具备体型高大，乳用特征明显，消化、生殖、泌乳器官发达的奶牛，一般能多产奶。

4. 根据系谱

系谱包括内容有：奶牛品种，牛号，出生年月日，出生体重，成年体尺，体重，外貌评分，等级，母牛各胎次产奶成绩。系谱中，还应有父母代和祖父母代的体重、外貌评分、等级、母牛的产奶量、乳脂率、等级，另外，牛的疾病和防检疫、繁殖、健康情况也应有详细记载。

5. 根据年龄与胎次

年龄与胎次对产奶成绩的影响甚大。在一般情况下，初配年龄为 16～18 月龄，体重应达成年牛 70%。初胎牛和 2 胎牛比 3 胎以上的母牛产奶量低 15%～20%；3～5 胎母牛产奶量逐胎上升，6～7 胎以后产奶量则逐胎下降。根据研究，乳脂率和乳蛋白率随着奶牛年龄与胎次的增长，略有下降。所以，为使奶牛或奶牛群高产，生产者必须注意年龄与胎次的选择。一般人认为，1 个高产牛群，如果平均胎次为 4 胎，其合理胎次结构为：1～3 胎占 49%，4～6 胎占 33%，7 胎以上占 18%。

通过看牙齿、角轮来确定奶牛的年龄；1.5～2 岁乳牙脱落长出永久钳齿，2.5～3 岁长出内中间齿，3.5～4 岁长出外中间齿，4.5～5 岁长出隅齿，6 岁钳齿呈长方形、7 岁呈三角形、8 岁左右为四边形或不等边形、10 岁左右逐渐变为圆形。

6. 根据饲料报酬

评定饲料报酬是一项挑选高产牛的指标，也是评定牛奶成本的依据。为此生产者应收集每头产奶牛精、粗饲料采食量，并计算其饲料报酬［全泌乳期总产奶量（千克）÷总饲料干物质（千克）］。高产奶牛最大采食量至少应达体重 4% 的干物质。每产 2kg 牛奶至少应吃干物质 1kg，低于这个标准可导致体重下降或引起代谢等疾病。

7. 根据排乳速度

测定排乳速度是挑选高产牛的一项重要指标。据测定，美国荷斯坦牛每分钟排乳 3.61kg，上海荷斯坦牛为 2.28kg。所以高产奶牛应挑选排乳速度快的个体。

（二）其他一些注意事项

1. 奶牛的繁殖能力

对成年奶牛要了解其初产月龄、以往各胎次的产犊间隔、本胎产犊日期、产后第一次配种日期、最近一次配种日期等。对青年奶牛要了解其初配月龄、配种日期、受胎日期、配种次数等。

2. 奶牛的健康状况

一要通过观察奶牛的精神状态、膘情状况、食欲情况、鼻镜湿润程度等判断其是否健康。二要查看谱系资料中奶牛的患病记录及以往检疫结核、布氏杆菌病等和预防注射炭疽、口蹄疫等情况。三要了解当地是否有牛传染病流行，重点是结核、布氏杆菌病、口蹄疫、传染性气管炎等。四要看是否有当地兽医主管部门开具的近期检疫证明。

3. 健康奶牛群的疾病控制指标

对于一个饲养技术好、管理水平高的奶牛场来说，疾病控制目标主要包括以下几点。

（1）全年总淘汰率在 25%～28%。

（2）全年死亡率在 3% 以下。

（3）乳房炎治疗数不应超过产奶牛的 1%。

（4）8 周龄以内犊牛死亡率低于 5%。

（5）育成牛死亡率、淘汰率低于 3%。

（6）全年怀孕母牛流产率不超过 8%。

4. 注意奶牛的安全运输

对运输牛群的车辆进行清扫和消毒，其码槽的高度不低于 1.5m，防止牛滑倒。根据牛的体格大小和生理阶段进行分隔，如育成牛和青年牛装在车后部，妊娠牛和犊牛装在中间或前部。运输时间超过 6 小时以上时途中要饮水，泌乳牛运输超过 24 小时以上时中间要挤奶和休息。运输途中不允许牛只卧地休息，防止被其他牛踩踏致伤。冬季运输选在午后，夏季运输选在早晚进行，防止冷热因素应激。运输车速保持每小时 40km 以下，避免急刹车、急转弯、突然变速引起牛因挤撞、应急造成流产。

5. 注意奶牛的隔离观察和饲草料过渡

新购回的牛只应圈养在牛场下风的隔离舍内，或放在树林内隔离观察，进行饲草料过渡。如果以前是放牧饲养的牛，还要进行驱虫。隔离观察和饲草料过渡约需 1 周时间，其间进行检疫和防疫注射工作。每天适量饲喂青粗饲料，充足供水，如果没有任何异常的情况可以放回正常牛舍内饲养。以后逐渐加料，直至饲喂到正常的料量为止。

第二节　奶牛的繁殖

繁殖是奶牛生产中的重要环节，没有繁殖就没有效益。所以，使奶牛年年保持正常产奶性能，提高经济效益，必须了解奶牛的生殖器官及生理机能，正常掌握配种方法，提高繁殖力。

一、奶牛的发情

（一）奶牛的性成熟与体成熟

1. 奶牛的性成熟

母牛生长发育到一定时期，性器官发育成熟，产生成熟的卵子及相应的性激素，并表现出有发情象征和性行为，此时称为性成熟。性成熟的早晚与品种、个体、营养和季节等因素有关。母牛的性成熟要比公牛早，一般 8～14 月龄就能达到性成熟。

2. 奶牛的体成熟

母牛的体成熟是指母牛整个身体的各个系统器官发育都达到完全成熟，并且具备了成年牛所具备的形态结构和生理机能。荷斯坦牛达到体成熟的年龄为 15～22 月龄。

（二）奶牛的发情周期及其特点

1. 发情周期

母牛性成熟后，第一次出现的发情叫初情。从这次发情开始到下一次发情开始之间的时间（俗称"打栏"），称为发情周期。奶牛的一个发情周期为 19～22 天，平均为 21 天。

奶牛的发情期，因为品种、年龄、季节、环境的不同也不一样，发情短则几小时，长达几十小时，一般为 10 ~ 24 小时，平均为 18 小时。

按照母牛生殖器官的内部变化和外部表现，一个发情周期可分为发情前期、发情期、发情后期、休情期等 4 个时期。

（1）发情前期　这是母牛发情的准备阶段。这个阶段卵巢内的黄体逐渐萎缩，新的卵泡开始生长，卵巢也开始增大，生殖道轻微充血肿胀，黏膜增生，子宫颈口稍张开，有少量分泌物，但此期母牛尚无性欲表现，也不宜配种。此期，持续时间为 6 ~ 10 小时。

（2）发情期　这是母牛出现性欲期，也是母牛性周期达到高潮的时期。这一时期卵泡迅速发育，并产生雌性激素，刺激母牛整个机体和生殖器官，而出现兴奋不安、哞叫、产奶量下降、输卵管及子宫蠕动加强、生殖器官充血、黏膜及腺体分泌物增加、子宫颈口开放、外阴潮湿肿胀、阴道流出黏液等。此期一般经过 12 ~ 17 小时，平均为 14 小时左右。在此期的中期进行本交比较合适，后期是冷冻精液配种的最佳时期。

（3）发情后期　此期母牛已变得安静，外表也没有发情表现，直检触摸卵巢，已经排卵，卵巢质地变硬，并开始出现黄体。在这一时期不管什么季节与个体情况都不宜配种。

（4）休情期（间情期）此期持续时间为 6 ~ 8 小时，是母牛发情结束后的相对生理静止期。该期特点是母牛精神状态恢复正常，黄体由发育成熟到逐渐萎缩，新的卵泡又即将开始发育，卵巢、子宫、阴道等生殖器官在生理状态上开始由前一个性周期过渡到下一个性周期。

2. 奶牛发情的特点

（1）母牛发情持续时间短，排卵快。母牛发情持续时间一般是 6 ~ 30 小时，平均为 18 小时。

（2）母牛的排卵是在外部发情症状消失之后。母牛的排卵时间均在发情症状（发情期）结束后的 6 ~ 15 小时，而且往往在夜间排卵。

（3）母牛发情行为表现明显。母牛发情时（发情期）表现明显的"同性恋"行为，即爬跨其他母牛或愿意让其他母牛爬跨自己，被爬跨时站立不动。

（4）有的母牛在发情后有出血现象。发情后期 40% 的成年母牛有出血现象（20 ~ 30mL），特别是营养状况良好的处女母牛，有 70% ~ 80% 在发情后的 2 ~ 3 天发生子宫出血，属于正常的生理现象。

（三）异常发情及乏情

1. 隐性发情

是指母牛发情时缺乏发情外表征状，但卵巢内有滤泡发育成熟并排卵。常见于高产乳牛，产后带犊母牛，营养不良及体质衰弱的母牛等，其主要原因是激素分泌失调所致，这种牛发情持续时间短，易造成失配。

2. 假发情

是指母牛只有发情的外部表现而无排卵过程的现象。有两种情况：一是有的母牛在妊娠 4 ~ 5 个月时突然有性欲表现，爬跨它牛，或接受爬跨，但子宫口收缩，无发情表现，直检可摸到胎儿。二是有些卵巢机能不全的青年母牛和患子宫或阴道炎症的母牛，虽有发情表现，但无滤泡发育。前者多因孕酮不足而雌激素过多所致，误配易流产；后者则是屡配不孕。

3. 持续发情

主要是由于卵巢囊肿所致。卵巢囊肿是由于不排卵的滤泡继续增生、肿大造成的。由于滤泡不断发育、不断分泌雌激素，使母牛持续发情，其原因可能是某些因素导致垂体分泌机能失调所致。

4. 断续发情

可能是卵巢机能发育不全，以至滤泡交替发育，通常先在一侧卵巢有滤泡发育，产生雌激素使母牛发情，不久滤泡发育中断，萎缩退化，而另一侧又有滤泡发育，产生雌激素，母牛又出现发情。此母牛一旦转入正常发情时，配种可受胎。

5. 乏情

即不发情。常见的原因是营养不良，比如能量水平过低、矿物质和维生素不足等；应激因素如气候、卫生、运输等；哺乳时间长、挤奶次数多、泌乳力高而又在泌乳旺期的新分娩母牛，常在产后久不发情。这些不良因素均能使卵巢活动机能降低，导致乏情。

（四）奶牛的发情鉴定

1. 外部观察法

此法是根据母牛的外部表现和精神状态来判断母牛是否发情、发情程度和配种时间的方法。观察时应将母牛放入运动场，每天定时观察。外部观察主要是依据发情牛在不同时期的表现。

（1）发情前期。发情母牛被其他母牛爬跨时站立不稳是这一阶段的主要标志。发情母牛试图去爬跨其他母牛，闻嗅其他母牛，追寻其他母牛并与之为伴，表现兴奋不安、敏感、哞叫，阴门湿润且有轻度肿胀。

（2）发情盛期。愿意接受其他母牛爬跨是此时期最明显的特征。有的爬跨其他母牛，不停哞叫，频繁走动，敏感、两耳直竖，背腰部凹陷，荐骨上翘，闻嗅其他母牛的生殖器官。阴门红肿，有透明黏液流出。食欲和产奶量下降，尾部和后躯有黏液。

（3）发情末期。不愿接受其他母牛的爬跨，从阴门流出透明黏液，尾部常有干燥的黏液。发情结束后个别牛会从阴门流出少量血液。

由于奶牛发情持续时间较短（1～3天），一旦发现奶牛有发情症状，就应进行检查，并及时授精配种。

2. 阴道检查法

多采用开膣器打开阴道，检查阴道及子宫颈的变化情况。检查时将消毒后并涂上润滑油的开膣器，顺着阴道插入，再旋转开膣器90°慢慢开张，插入开膣器时要注意阻力，发情好的母牛阴道阻力较小，容易插入；未发情或妊娠母牛阻力较大。打开开膣器后，即可明显观察到阴道、子宫颈和情况。发情母牛阴道黏膜充血潮红，有波动性透明黏液。子宫颈口稍开，如含苞待放的菊花；发情盛期子宫颈口开口明显，如盛开的菊花，并有透明的黏液；发情末期黏液减少，子宫颈口缩小。如果妊娠的母牛则阴道苍白、干燥，子宫颈口不开张，外口收缩突出，可以看到颈口有堵住状，称为子宫寒；黏液黏稠变黄，附着在子宫颈口。观察要迅速，检查时间要短，否则，阴道黏膜会因机械性刺激而充血，影响观察效果。开膣器抽出时，不可完全闭合，要边抽边慢慢闭合，以防夹伤阴道黏膜。

在没有开膣器情况下，可用洗净消毒好的手臂插入阴道检查，来感觉阴道壁的弹性、滑润程度、黏液变化和子宫颈口开张程度、以判断母牛是否发情和确定配种的适宜时间。用手臂检查要比开膣器检查简单而准确，但必须严格消毒。

3. 直肠检查法

术者将手臂伸入母牛直肠内，隔着直肠壁触摸母牛卵巢上的卵泡发育及子宫的变化，来判断母牛的发情过程，确定输精的最佳时机。此种方法具有准确、有效的特点。但要求操作人员必须具有熟练的操作技术和经验。

4. 试情法

主要有两种方法，一种是将结扎的公牛放入牛群中，根据公牛追逐爬跨母牛的情况以及母牛的反应，判断发情时间和输精时间；另一种是让试情公牛与母牛靠近，观察公牛的态度和母牛的反应，最好结合阴道检查的结果进行判断。

二、奶牛的配种

1. 初配年龄

青年母牛初配年龄以 14~16 个月龄、体重应为成年牛的 70%，体重达到 350kg 以上较为适宜。一般早熟品种公牛 15~18 月龄，母牛 16~18 月龄配种；中熟品种公牛 18~20 月龄，母牛 18~22 月龄；晚熟品种公牛 20~23 月龄，母牛 22~24 月龄。

2. 产犊计划

根据气候条件及产奶水平，合理安排全牛产犊计划，尽量做到均衡产犊。认真建立发情预报制度，饲养员、值班员、挤奶员应根据发情表现，及时报告配种员，有条件的应进行直肠检查，以便适时、准确配种。

3. 产后检查

母牛分娩后 25 天，应进行生殖器官检查，如有病变必须治愈后配种，母牛产后 45~90 天做到配种受孕。分娩后 70 天仍不发情或正常发情屡配不孕的牛，要进行检查治疗，并在饲养管理及营养方面采取措施，以便及时配种受孕，缩短产犊间隔。

4. 按照选配计划配种

配种员要严格按照选配计划配种，防止近亲和杂交乱配，必须用优良公牛的精液进行配种，认真做好配种登记工作。

5. 适配时间

为提高母牛的生产性能，产犊后应尽可能提早配种，一般在 60~90 天配种为宜。发情期中配种的适宜时间可根据：排卵时间（在发情结束 10~15 小时）；卵子保持受精能力的时间（6~12 小时）；精子到达受精部位的时间（15 分钟）；精子在母牛生殖道内保持受精能力的时间（30 小时，范围 24~28 小时）。

6. 母牛配种的方法

母牛的配种方法主要有 3 种：即自然交配、人工辅助交配和人工授精。目前，多采用人工授精方法。

（1）自然交配。是指将公母牛圈放在一起或放牧中公母牛的一种原始的自由交配。该种交配方法种公牛利用率和母牛受胎率均低，而且容易野交乱配造成近亲交配和传播生殖道疾病。其优点是省事省力，可减少母牛的失配率。这一方法主要适应我国的牧区使用。通常公母的比例为1:（12~25），种公牛要经过选择，不适宜种用的应去势；小公、母牛要分开放牧，防止早配；注意种公牛与母牛血群的血缘关系，防止近亲交配。

（2）人工辅助交配。是指公、母牛分开饲养，当发现母牛发情时，将公、母牛放在一起自然交配，交配后又分开饲养。配种前要将母牛的阴门、后躯充分消毒冲洗干净。在公牛爬跨上母牛交配时，配种员可协助公牛迅速将阴茎导入阴道。交配结束，用手在母牛背腰部重掐一把，并牵着母牛运动几圈，防止母牛弓背努责，造成精液倒流。如果公牛几天没有进行配种，可连续进行交配2次（间隔5~10分钟），以提高受胎率。该种方法的优点是能比自然交配提高种公牛的利用率和母牛的受胎率。其缺点是花费人力较自然交配得多，且仍有传染疾病的机会。

（3）人工授精。是指利用人工方法以采取公牛精液，然后再给发情母牛进行人工输精的方法。人工授精可以充分利用良种公牛，提高配种效能加快良种推广或品种改良；又可减少疾病传染尤其是节约费用，是一种既经济又科学的配种方法，在生产上广泛推广应用。

三、奶牛的妊娠

奶牛发情配种后，经20~60天不再发情，并且性情变得温顺、安静、行动迟缓、易疲劳即可能妊娠。妊娠3个月后，食欲亢进，膘情好转，以后又趋下降。4个月后又表现异嗜，5个月后腹围增大，初产牛此时乳房明显增大，乳头变粗，并能挤出黏性分泌物；经产奶牛泌乳量显著下降，脉搏、呼吸次数明显增加。6~7个月时可听到胎儿的心跳，触腹壁可触到或看到胎动。8个月后，胎儿体积明显增大，在腹部脐部撞动，腹围更大。

为防止空怀并加强对怀孕母牛的管理，应及早做妊娠诊断，较准确的方法是直肠检查。妊娠1个月左右就可诊断，2个月左右可做出正确判断。早期妊娠诊断主要根据妊娠黄体存在、子宫胎胞、胎膜、孕角大小、松软做出判断。

母牛的妊娠期平均为280天（270~285天），推断预产期的方法是"月减3，日加6"其中，月份不足3的加12后再减，日超过30的，月份进一位。例如，2012年1月28日配种，那么产犊日期为2012年11月4日。又如，2012年12月6日配种，那么产犊月份大致为2013年9月12日。

四、奶牛的分娩

（一）分娩预兆

（1）体温的变化。产前4周体温逐渐升高，产前7~8天可达39.5℃，但至产前12~15小时，又下降0.4~1.2℃。

（2）乳房膨大。产前1个月开始膨大，产前数日可从前面两个乳头挤出黏稠淡黄和蜂蜜状的液体，产前 1~2 天可挤出乳白色初乳。

（3）外阴肿胀、柔软，子宫塞溶化，在分娩前 1~2 天呈透明索状物从阴道流出，垂于阴门外。

（4）骨盆韧带松弛，臀部有塌陷现象。产前 1~2 天，骨盆韧带已充分软化，尾根两侧肌肉明显塌陷，使骨盆腔稍有增大。

（5）精神表现不安，子宫颈口扩张，开始发生阵痛，时起时卧，尾高举，头向腹部回顾，表明母牛即将分娩。

（二）分娩过程

1. 开口期

子宫颈阵缩，将胎儿和胎水推入子宫颈，迫使子宫颈开张，向产道开口，胎儿胎水继续后移，进入产道的胎膜压破，部分胎水流出，胎儿的前置部分顺着液体进入产道。

2. 胎儿排出期

子宫肌发生更加频繁有力的阵缩，同时，腹肌和膈肌也发生强烈收缩，腹内压显著升高，把胎儿从子宫内经产道排出。

3. 胎衣排出期

胎儿产出后 5~8 小时，最长 12 小时，胎衣即排出。

（三）接产

母牛产前要转入产房，产房应清洁、干净，准备好接产用具和消毒药物。用 0.1%高锰酸钾溶液或 2%煤酚皂冲洗消毒阴部及后躯，当胎膜小泡露出后 10~20 分钟，母牛多卧下，要让其向左侧卧，以免瘤胃压迫胎儿。顺产时，两前脚夹着头先出来，当胎儿前蹄将胎膜顶破或人为撕破时，可用桶接出羊水，产后饮母牛，以防胎衣不下。若倒生，当后肢露出后，要及时拉出胎儿，因胎儿腹部进入产道时，脐带易被压在骨盆上，时间过久，胎儿可能会窒息死亡。若难产，应先矫正胎位，再进行助产：用消毒绳缚住胎儿前肢系部，双手伸入阴道，拇指插入胎儿口角，捏住下颚，乘母牛努责时一起用力拉，这时应用手捂住阴门及会阴部，以防撑破，胎头拉出后，再拉动时动作要缓慢，以免子宫外翻或外脱。当胎儿腹部通过阴门时，要用手扶住脐带根部，防止脐带断在脐孔内，延长断脐时间，使胎儿获得更多的血液。

母牛分娩后，应喂给温热麸皮盐水汤（麸皮 1.5~2.0kg，盐 100~150g，温水适量），以补充体液。胎衣排出后及时取走并检查是否完整。12~14 小时胎衣仍有滞留，应手术剥离。产后 15~17 天，恶露就不再排出，阴部干净、正常。为预防产道炎症，产后连续 7 天注射安卞青霉素。

第三节　犊牛的饲养管理

一、犊牛的特点

犊牛是指出生后 3~6 月龄，处于哺乳期的小牛。这阶段的生长发育，是整个生命过程中最为迅速的时期。犊牛时期生理机能变化急剧，可塑性大，有以下几个特点。

（1）初生犊牛的组织器官尚未充分发育，对外界不良环境的抵抗力较低，适应性较弱，皮肤的保护机能较差，神经系统的反应性也不足。因此，初生犊牛初期较易受各种不良因素的影响而发生疾病。

（2）消化器官发育尚未健全，前胃容积很小。犊牛生后 1～2 周，几乎不进行反刍，一般第 3 周才出现反刍。犊牛吸吮的乳汁经过食道沟直接进入真胃。所以，初生犊牛整个胃的功能与单胃动物的胃基本一样，只有真胃起作用。因此，喂给犊牛的食物，应富含营养且易被消化吸收。随着犊牛年龄的增大和采食植物性饲料，胃的发育便逐渐趋于健全，消化能力也随之提高。

（3）新陈代谢旺盛，生长迅速。犊牛初期新陈代谢旺盛，同化力强，生长发育速度快。但随着年龄的增长，生长速度便逐渐变慢，尤其是到了性成熟期，生长的速度很慢。

二、犊牛的饲养

1. 及时哺喂初乳

母牛分娩后 5～7 天内分泌的乳汁称初乳。初乳中含有犊牛生长发育所必需的蛋白质、能量、矿物质及维生素，还有抗免疫抗体。与常乳相比，蛋白质高 4～5 倍，其中具有防御疾病作用免疫球蛋白比常乳多几倍；初乳中含有丰富的维生素 A，能促进犊牛的健康生长；初乳中的镁盐比常乳多一倍，有轻泻作用，能促进胎粪排出；初乳的黏度较大，酸度较高，有杀菌作用，能增强犊牛的抗病能力。母牛所分泌的初乳所含的营养物质，是随着母牛分娩以后时间的延长而逐渐下降的。因此，犊牛初生后能及时吃到初乳是至关重要的。

一般在犊牛出生后 0.5～1 小时内，最迟也不要超过 2 小时就应第一次喂给初乳。第一次喂奶应尽量让犊牛吃饱，最少不要低于 2kg，在首次喂奶后 6～10 小时内再及时给予 2～4kg 初乳。初生期初乳喂量每天按犊牛体重的 1/6 喂给，日喂次数不要少于 3 次，头 2～3 天应尽量喂给母乳，从第四天开始可以逐渐给饮混合初乳，初乳的温度应保持在 35～38℃。

初乳不足或缺乏，可用冷冻保存的健康牛初乳替代。冷冻初乳应在 40～60℃ 的温水或低能微波炉内解冻，以免破坏初乳抗体。

2. 哺喂常乳

犊牛经喂 5～7 天初乳之后即转入常乳期的饲养。在以常乳为主要营养来源（4～6 周）阶段，每天喂量应占犊牛体重的 10%，以后随着精、粗饲料采食量的增加，其喂量可逐渐减少。

3. 早期喂给植物性饲料

饲料对犊牛的消化器官的影响，以 2～6 月龄时最大，因此在哺乳早期除让它采食精料外，可训练利用粗料的能力，以促使消化器官的生长，养成较大的采食量。一般从犊牛生后 7～10 日龄开始，应训练既能刺激犊牛的消化液分泌，使犊牛提早反刍，又能防止犊牛舔食异物。犊牛生后 15～20 天开始应训练其食混合精料。初喂时，可将精料磨成细粉并与食盐、骨粉等矿物质饲料混合，可加入少量牛奶，涂擦于犊牛口鼻周围，教其舔食，经过反复数次，犊牛便能自行采食。当犊牛能自行吃精料时，将精料拌成干湿状喂给。开始每天约20g，随日龄渐增，1日龄每天250~300g，2月龄达500g左右。

为了促进犊牛消化器官的发育，从生后20天开始，在混合精料中可加入切碎的胡萝卜。最初每天20~25g，以后逐渐增加。到2月龄时可喂到1~1.5kg，也可适量加喂些甜菜或南瓜等。从2月龄开始可喂给青贮饲料，最初每天100~150g，3月龄时可喂到1.5~2kg，4~6月龄增至4~5kg。

4. 供给充足饮水

应该训练犊牛尽早饮水，生后1周可在饮水中加入适量牛奶，借以诱导。最初给饮36~37℃的温开水，10~25天后可改饮常温水，1月龄后可在运动场水池贮满清水，任其自由饮用，不管是饲还是放牧都应充分供应清洁的饮水。

三、犊牛的管理

犊牛的管理，主要在于搞好哺乳卫生，保持牛栏和牛体的清洁卫生，给予适当的运动，以及做好经常性的护理工作。

1. 哺乳卫生

哺乳用具要保持清洁卫生，每次使用前后都要及时清洗干净，定期消毒。群栏饲养的犊牛每次喂完奶，要用干净的毛巾将犊牛口、鼻周围残留的乳汁擦干，并用颈枷夹住十几分钟，防止互相乱舔而养成舔癖。

2. 刷拭和运动

犊牛生后大部分时间是在舍栏内饲养，皮肤易被粪尿污染，这样不仅降低了皮毛的保温和散热机能，而且使皮肤血液循环不畅，为此，每天必须刷拭1~2次。犊牛正处生长发育旺盛时期，加强运能增强体质，有利于健康。天气晴朗时，出生后7~10龄的犊牛，便可让其到运动场上自由运动30分钟；1月龄时，运动1小时左右；以后随年龄的增大，逐渐延长运动时间。但酷热的天气，午间应避免太阳直接暴晒，以免中暑。

3. 栏舍卫生

犊牛出生后应放在育犊室（栏）内隔离饲养，育犊室（栏）大小为1.5~2.0m²，每犊1栏，栏内应铺上足够而清洁的垫草，并注意保持清洁干燥。犊牛出产房后，可转到犊牛栏中，集中管理，每栏可容纳犊牛4~5头。

四、犊牛的早期断奶

犊牛的早期断奶是指给犊牛饲喂奶量减少，提早停奶的一种饲喂方法。其目的除了节约大量鲜奶，降低犊牛的培育成本以外，同时由于早期大量饲喂固体饲料，可促进消化器官的发育，减少消化道疾病的发病率，因而能降低犊牛的死亡率，提高犊牛的成活率。

犊牛早期断奶方案：初生至10日龄日喂全乳4.5kg，11~20日龄3.0kg，21~30日龄2.5kg，平均每头共喂100kg。犊牛从7日龄开始喂混合饲料，任其自由采食，直到每头每天吃2kg时为止，即不再增加。同时，给予优质青刈牧草及青贮玉米等。

第四节　青年母牛的饲养管理

在奶牛生产中，一般将青年母牛划分为发育牛和育成牛。发育牛是指断奶后到配种年龄（6~18月龄）的小母牛，又称后备牛。从配种怀孕到产犊期间（19~30日龄）称育成牛。在此阶段内产犊后的母牛即为成年母牛。发育牛阶段是个体定型期，身体各组织器官都在迅速生长发育，饲养的好坏，直接影响到奶牛的发育、第一次发情、配种、妊娠及产后奶产量。

一、青年母牛的特点

1. 生长发育速度快

青年阶段牛的头、腿、骨骼、肌肉等生长迅速，体型发生巨大变化。但因年龄不同，其生长发育速度也有差异。一般以幼龄时生长发育最快，随着年龄增大，生长逐渐减慢。

2. 瘤胃的发育发生急剧变化

初生犊牛瘤胃容积占胃总容积的23.8%，3月龄时占58.8%，6月龄时占68.5%，12月龄时占75.5%，接近成年牛的容积比（成年牛瘤胃占胃总容积的80.5%）。

3. 生殖器官的变化

6~9月龄时，青年牛的卵巢上出现成熟的卵泡，开始发情排卵。15~16月龄时接近体成熟。16月龄后体重增加很快，有的已达350~400kg以上，可开始配种。青年母牛妊娠后，生殖系统发生急剧变化，乳腺组织生长迅速，乳腺导管数量增加。到妊娠后期，乳房结构达到活动乳脂的标准状态。

二、青年母牛的饲养

青年母牛正是处在迅速的生长发育阶段，因此，要按不同年龄发育特点和所需营养物质进行科学的饲养。

1. 6~12月龄母牛的饲养

青年母牛6~12月龄是性成熟期，此时期性器官和第二性征发育很快，体躯迅速生长。同时，其前胃已充分发育，容积扩大1倍左右。因此，在饲养上要求供给充足的营养物质，同时，日粮必须有一定的容积，以刺激其前胃的继续发育。此时期的育成牛，除给予优良的牧草、干草和多汁饲料外，还必须适当补充一些精饲料。一般按每100g活体重计算，每天可给予青贮饲料56~12月龄6kg，干草1.56~12月龄2kg，秸秆16~12月龄2kg，精料16~12月龄1.5kg。

2. 12~18月龄母牛的饲养

青年母牛12~18月龄，消化器官更加扩大。为了促进消化器官进一步生长，其日粮应以粗饲料和多汁饲料为主。按干物质计算，粗饲料约占75%，精饲料约占25%，并在运动场放置些干草、秸秆等，任其自由采食。

3. 19～30 月龄母牛的饲养

青年母牛 19～30 日龄，这时期母牛已交配受胎，生长缓慢下来，体躯显著向宽深发展。若继续喂给营养丰富的饲料，容易在体内贮积过多的脂肪，造成牛体生长过肥，造成不孕；但营养不能贫乏，否则会使牛体生长发育受到阻碍，成为体躯狭浅、四肢细高、产奶量低的母牛。因此，在此时期应以品质优良的干草、青草、青贮饲料和块根类作为基本饲料，减少或不喂精料。到妊娠后期，由于体内胎儿生长迅速，必须补加精料，补加量为每天 2～3kg。按干物质计算，此期粗饲料应占 70%～80%，精料应占 20%～30%。如有优良的草地放牧的，可减少精料 30%～50%。

三、青年母牛的管理

1. 分群饲养

犊牛满 6 月龄转入青年牛舍时，应按其性别、年龄、体格大小分群饲养，最好是月龄差异不超过 1.5～2 个月，活体重差异不超过 25～30kg，每群以 40～50 头为宜。

2. 制订生长计划

根据不同品种、年龄的生长发育特点以及饲草、饲产供给的状况，确定不同日龄的日增重幅度，制订出生长计划。一般犊牛从初生到 16～18 月龄（配种时）活重不低于 350～380kg，增加 10～11 倍。

3. 加强运动和刷拭

对青年牛和对犊牛一样，同样要加强运动和刷拭，尤其是舍饲条件下，每天至少要有 2 小时以上的驱赶运动。此外，在晴天还要让它们经常在运动场内自由活动和呼吸新鲜空气及接受日光的照射。为了保持牛体的清洁，促进皮肤代谢和养成温驯的气质，每天应坚持刷拭 1～2 次，每次约 5 分钟。

4. 乳房按摩

为了促进育成牛乳腺组织的发育，提高产后奶的产量，对 12～18 月龄的青年牛应每天按摩乳房 1 次，18 月龄怀孕母牛，每天可按摩 2 次，每次按摩时可用热毛巾敷擦乳房。产前 1～2 个月停止按摩。据试验统计，试验组母牛分娩后产乳量比对照组同胎母牛的产奶量可提高 10% 以上。

5. 护蹄

有些地区的奶牛因蹄病淘汰的占 15%～20%，造成很大的经济损失，因此，对护蹄工作切不可忽视。一般每年应进行 2 次修蹄。牛舍栏内要保持清洁干燥，牛床上的污湿垫草要经常更换或翻晒，运动场地要平坦不能有坑洼积水，每天要清除场内粪便及污物、碎石块等。刷拭牛体时，必须注意对牛蹄的刷洗，使奶牛蹄壳、蹄叉、蹄底经常保持清洁。

第五节　泌乳母牛的饲养管理

泌乳母牛是指处于产犊后到干奶期的一个产奶期间的母牛，泌乳牛的泌乳期一般用 305 天计算。此时期母牛饲养管理的好孬，不仅关系到本胎次能否获得高产和正常发情，而且还影响到以后各胎次的产奶量和母牛的利用年限等。

一、泌乳母牛的特点

由于母牛产后不同时间的生理状态、营养物质代谢的规律以及体重和产奶量的变化，奶牛的整个泌乳过程可分为 4 个时期，即围产期、泌乳旺盛期、泌乳中期和泌乳后期。

1. 围产期

是指母牛分娩前后 15 天这段时间，产后 15 天内称泌乳初期，也称恢复期。这一阶段，因母牛刚分娩，消化机能较弱，食欲差，生殖器官处于恢复状态，身体倦怠。

2. 泌乳旺盛期

是指产后 2 ~ 14 周（14 ~ 100 天），奶牛产奶量达到高峰的时期，又称泌乳高峰期。此期的特点是乳房已经软化，体内催乳激素的分泌量逐渐增加，食欲完全恢复正常，采食量增加，并达到最大采食量，乳腺机能活动日益旺盛，产奶量迅速增加至峰值。此期持续时间约 85 天左右，产奶量约占全泌乳期总量的 50%。

此外，奶牛一般在产犊后 40 ~ 45 天出现产后第一次发情，早的可在产后 30 天发情。

3. 泌乳中期

这一时期大致为产后 101 ~ 200 天。此期奶牛的特点是产奶量缓慢下降，各月份的下降幅度为 5% ~ 7%。母牛体质逐渐恢复，体重开始增加。

4. 泌乳后期

这一时期为产后 201 天以后至干乳之前。此时期的特点是胎儿生长发育较快，母牛要消耗大量营养物质，以供胎儿的生长发育需要，同时，由于胎盘激素和黄体激素等作用加强，抑制脑下垂体分泌催乳激素，产奶量急剧下降，欲提高产奶量很困难。

二、泌乳母牛的饲养

1. 泌乳初期

这一时期的饲养对母牛健康和产奶量有很大的关系。产前 15 天起每天应逐渐增加精饲料，但最大量不宜超过体重的 1%，干草喂量应占体重的 0.5% 以上。日粮中精、粗饲料比例为 40 : 60，粗蛋白质为 13%，粗纤维为 20% 左右为宜。产后 15 天内应以恢复体膘为主，喂给母牛易消化、适口性好的饲料，控制青贮饲料、青绿饲料及块根类饲料的喂量，而干草任其自由采食，但要防止母牛急剧消瘦。钙的喂量应是产前低，产后高。

2. 泌乳盛期

为了提高和维持高产奶量，满足母牛对日粮营养物质的需求，减少体内能量负平衡。在饲养上应限制能量浓度低的粗饲料，补饲高能量、高蛋白质饲料。正常情况下，营养水平应达到每千克干物质含 2.4 个奶牛能量单位，粗蛋白占日粮干物质 16% ~ 18%，钙占 0.7%，磷占 0.45%，精粗料比尽可能控制在 50 : 50，不要超过 60 : 40，纤维素保持在 15% 左右，为防止精饲料过多造成瘤胃 pH 值下降的不利影响，可在日粮中添加氧化镁和碳酸氢钠（小苏打）等缓冲剂，以平衡瘤胃的 pH 值。

3. 泌乳中期

泌乳中期，母牛产奶量开始逐渐下降，但采食量达到高峰，食欲良好，饲料转化率较高，此时在饲喂上应保持营养平衡，使产奶量缓慢下降。而精料饲喂量随着产奶量的下降而适当减少，日粮中精、粗饲料比例控制在 40∶60 左右，粗蛋白质为 15%，粗纤维不低于 17%。

4. 泌乳后期

此期是母牛泌乳过渡到干乳期的转折点，应及时干乳。日粮的精、粗饲料比例控制在 30∶70 左右，粗蛋白质为 12%，粗纤维不低于 18%。对于高产奶牛，此时期适当增加体膘更为重要。

三、泌乳母牛的管理

1. 分群饲养

对不同年龄、不同类型、不同生产水平的泌乳母牛，根据牛场的实际设施情况进行分群饲养，以便按不同营养需要而给予不同饲料配方和喂量，最大限度地发挥它们的生产潜能。

2. 适当运动

运动有助于消化，增强体质，促进泌乳，运动不足，牛体易肥，从而降低产奶性能和繁殖力，同时，也易发生肢蹄病，故应给予适当的运动。一般泌乳母牛除挤奶时是留在室内，其余时间可让其到运动场上自由活动。

3. 搞好牛体、牛舍和挤奶卫生

每天刷拭牛体 1 次，刷拭牛体时不要在喂料和挤奶时进行，以免尘土、牛毛等污物落入饲料和牛奶内。牛舍要保持清洁、干燥。

4. 饮水充足

保证供给充足而清洁的饮水，对产奶母牛特别重要，饮水充足，能使牛增加干物质的采食量，提高产奶量。需水量，可按每千克干物质给予 5.6kg 水，或按产奶量每千克奶给予 4～5kg 水给予。为使牛能随时喝到水，牛舍内可安装自动饮水器，运动场内安装自动饮水池等。

5. 防止热、冷应激

气候炎热和寒冷对奶牛生产都有一定的影响，尤以高温季节影响最大。因此，在高温季节，一方面在牛舍中装置排风设备，增强室内通风，装置冷水喷雾设备，屋顶面刷白，降低室内气温等，防暑降温；另一方面适当提高能量和蛋白质日粮增喂青绿多汁饲料，适当减少粗饲料。在饲喂方面，宜在早晚风凉时多喂，中午炎热时少喂，并可在饲料中添加碳酸钾或氯化钾等。在寒冷季节，应注意牛舍取暖保温，并增喂些精饲料，或喂热粥料，不喂冰冻饲料。

6. 适时配种

为扩大牛群和提高牛群质量，增加产奶量、提高养牛经济效益，必须做到奶牛适时配种。一般情况下，泌乳母牛在产后 40～45 天就会出现第一次发情。若发情后及时配种并受孕，使产犊间隔在 12 ~ 13 个月，但高产及体弱母牛可适当延长至 14 个月左右。

四、挤奶技术

饲养奶牛的目的是让奶牛多产奶。从乳房中挤出的奶来自两个方面，一方面是贮留在乳中的；另一方面是一边挤奶一边分泌的。只有掌握正确的挤奶技术，符合泌乳的生理，才能挤出奶牛所产的全部牛奶，才能完全体现奶牛的价值和取得最佳的泌乳效果。

1. 挤奶前的准备工作

挤奶前，应做好挤奶人员、场所与被挤奶牛、挤奶用具的清洁卫生工作，准备好清洗乳房用的温水，清除牛体沾污的粪便和清扫牛床。备齐挤奶用具，如奶桶、盛奶罐、过滤纱布、洗乳房水桶、毛巾等，都要清洗干净。挤奶人员穿好操作服，洗净双手准备挤奶。

2. 清洗、按摩

为了保证乳房的清洁，防止牛奶污染，促使乳腺神经兴奋，形成排奶反射，加速乳房的血液循环，加快乳汁分泌与排乳过程，以提高产奶量。每次挤奶时都要先用温热水清洗乳房，能起到按摩的作用。方法是用 45 ~ 50℃ 的热水，将毛巾沾湿，先洗乳头孔及乳区，而后清洗乳房的底部中沟、右侧乳区、左侧乳区，最后洗涤后面。开始时宜用带水较多的湿毛巾洗擦，然后，将毛巾拧干，自下而上地擦干整个乳房。此时，如乳房显著膨胀，表明内压已增高，反射已形成，便可挤奶。否则，需继续用热毛巾敷擦按摩乳房，以加强刺激，尽快排乳。这个过程需 45 秒至 1 分钟。

为保证牛奶质量和奶牛健康，清洗乳房用水需加入刺激性小的消毒剂，如 0.01% 的洗必太等每洗 1 ~ 2 头奶牛应更换一次水，以保持水温和清洁卫生，清洗乳房用的毛巾应清洁、柔软，最好是各牛专用，如多牛共用 1 条，也要将患有皮肤病或乳房炎等病牛的毛巾与健康牛分开。

3. 手工挤奶技术

（1）挤奶方法。挤奶员应端坐在小板凳上于牛的右侧后 1/3 处，与牛体纵向呈 50° ~ 60° 的夹角。两腿夹着半开口的奶桶，用压榨法挤奶。即用拇指和食指紧握乳头基部，然后再用其余各指依次按压乳头，左右两手有节奏地一紧一松连续地进行。先挤后排 2 个乳头，当挤空后，再挤前排 2 个乳头。挤奶时频率开始时可稍慢些，待感觉排乳旺盛时刻则频率加快，当乳房中奶快挤空时，则挤奶双手轻微上抬，频率放慢，以便挤净乳房中的奶汁。一般挤奶频率为 80 ~ 120 次/分，约 8 分钟能将奶挤完。当每一头牛挤奶完毕应记录产量，并即对每个乳头进行药浴，以防乳腺炎等疾病发生。

（2）注意事项。

①挤奶员坐的姿势要求正确，既要便于操作，又要注意安全。

②开始挤奶时，先将 4 个乳区的各个乳头挤出含细菌最高的第一、第二把奶，挤于遮有黑色绢纱布的容器内，检查乳汁是否正常，如在纱布上发现有干酪似的乳块或脓汁、血块等异物时，或发现乳房内有硬块或者出现红肿，乳汁的色泽、气味出现异常时应及时采取疹疗措施。

③挤奶人员一定要戴上紧口圆帽，注意挤奶卫生，特别是当母牛大小便时，挤奶人

员应起立，立即用遮盖布遮盖桶口，防止头发、尘埃、牛毛及粪尿等污物落入奶桶，造成牛奶污染。

④挤奶过程中挤奶员精神要集中，要将奶一气挤净，不宜中断，否则影响产奶量。

⑤对牛态度不可粗暴，遇有踢人恶癖的母牛，要耐心、谨慎，要以温和态度对待。

⑥挤奶的时间以早上7:00，下午2:00和晚上9:00，一日3次上槽，3次挤奶为宜。对于日产量超过30kg的奶牛可增加1次挤奶。

4. 机器挤奶技术

（1）机器挤奶的优点。机器挤奶不仅能减轻人工劳动强度，提高劳动生产率和鲜奶重量，而且还能增加经济效益。由于机器挤奶是4个乳头同时挤，动作柔和，无残留奶，奶牛的泌乳性能得到充分发挥，这也是提高产奶量的措施之一。

（2）挤奶机器类型及选择。挤奶机主要是由真空泵、贮气桶、真空管道、脉动器、集乳器、橡皮胶管、乳杯、乳衬以及集乳设备组成。其设备类型有桶式、车式、管道式、坑道式等多种。生产单位可根据奶牛场大小、规模、饲养类型选用。如果饲养10～30头泌乳奶牛或中小型奶牛场，则选用提桶小推车式挤奶机；30～200头可用管道式；草原牧区也可选用车式管道挤奶机；200头以上的可选用坑道式挤奶机。

（3）挤奶方法。挤奶前用42℃热水清洗并按摩乳房，清洗乳房后45～60秒内上好挤奶机，套上乳杯，当乳房中奶挤空后应立即取下乳杯，切忌打空拍，以防乳头创伤和乳腺炎发生，影响以后的排乳速度。用桶式或小型挤奶车挤奶应避免由于盛器容易小而使牛乳进入真空管道，造成牛乳损失和产生不正常的真空度而影响挤奶。每头挤奶后应立即用消毒液浸浴乳头，产量要及时记录。

（4）注意事项。

①不管采用何种类型挤奶机，其真空度和脉动频率均应按生产挤奶机的厂商产品说明书进行设置，并经常检查，不可太高或太低，以免损失乳头，继发感染、诱发乳腺炎。

②真空管道应定期清洗、疏通和消毒。

③使用没有自动脱落装置的挤奶设备时应特别注意，过度挤奶不仅延长挤奶时间，而且还会造成乳房疲劳损伤，影响以后的排乳速度。

第六节 干乳母牛的饲养管理

泌乳母牛在下胎产犊前有一段停止泌乳的时期，此期称为干乳期。正常情况下干乳期为60天（50～75天）。

一、干乳的意义和方法

（一）奶牛干乳的意义

母牛在泌乳期间其营养多为负平衡，机体消耗严重，乳腺组织部分损伤、萎缩，再加上胎儿生长迅速，需要大量的营养物质。而干乳能减少营养消耗，促使母牛乳腺休整、恢复及新腺胞的形成和增殖，有利于母牛蓄积体力和体质，使母牛体内有足够的营养物质供胎儿发育。因此，干乳期母牛饲养的好孬不仅直接影响到本胎次体质的恢复，而且也影响母牛产后泌乳生产性能的发挥，应该引起足够重视。

（二）干乳的方法

在正常情况下，高产母牛在接近干乳期时，每日往往仍然分泌 10 ~ 30kg 或更多的奶。但是不管分泌量多少，只要到达干乳期，就应采取措施，使之停止产奶。停奶的方法，一般可分为逐渐停奶法和快速停奶法两种。

1. 逐渐停奶法

是指在预定停奶前 15 天左右，开始降低精料和多汁饲料的饲喂量，供给干草或秸秆。随之减少挤奶次数，人为降低牛奶的分泌量，至奶量降至 3 ~ 5kg 时停止挤奶。开始进行停奶的时间视母牛当时的泌乳量多少和过去停奶的难易而定。泌乳量大的、难停奶的则早一些开始，反之，则可迟些开始。用此种方法完成停奶约需 10 ~ 20 天。个别高产牛甚至需要更长的时间。

2. 快速停奶法

是指从进行干奶之日起，在 5 ~ 7 天内使泌乳停止的方法。一般多应用于低产和中产母牛。具体方法是从干奶第一天开始，适当减少精料，停喂青绿、多汁饲料，控制饮水，加强运动，减少挤奶次数和打乱挤奶时间（由每天 3 次改为 1 次，次日减少 1 次或隔日 1 次）。由于母牛在生活规律上突然发生巨大变化，产奶量明显下降。一般经过 5 ~ 7 天，日产奶量下降到 8 ~ 10kg 以下即可停止挤奶。

3. 注意事项

（1）无论采取哪种干乳方法，最后挤奶时要完全挤净，并用杀菌液将乳头消毒后注入青霉素软膏，以后再对乳头表面进行消毒，干燥后以火棉胶涂抹乳头孔。

（2）在停止挤奶后 3 ~ 4 天内，要随时注意乳房情况。一般母牛因乳房贮积较多的奶汁而出现肿胀，这是正常现象，经过几天后就会自行吸收而使乳房萎缩。如果乳房肿胀 1 周后仍不消而变硬，奶牛有不安等表现时，可把奶挤出，继续采取干乳措施使之干乳。如发现有乳房炎症状时，应继续挤乳，待炎症消失后再行干乳。

二、干乳母牛的饲养

干乳母牛的饲养可分为干乳前期和干乳后期两个阶段。从干乳期开始到产犊前 2 ~ 3 周为干乳前期，产犊前 2 ~ 3 周至分娩期是干乳后期（又称围产前期）。

1. 干乳前期的饲养

母牛在干乳后 5 ~ 7 天，乳房还没有变软，每日给予的饲料，可仍和干乳过程的饲料一样，1 周后，乳房内奶汁已被吸收，乳房变软且已萎缩时，就可逐渐增喂精料和多汁饲料，5 ~ 7 天内达到干乳母牛的饲养标准。对营养状况不良的高产母牛，要进行较丰富营养的饲养，使其在产前能具有中上等体况，即体重比产奶盛期一般提高 10% ~ 15%。对营养良好的干乳母牛，从干乳期到产前最后几周，一般只给予优质粗料即可。总之，此期的饲养既要照顾到营养价值的全面性，又不能把牛喂得过肥，达到中上等体况即可。

2. 干乳后期的饲养

干乳后期要逐渐提高母牛日粮的精料水平,一般每天可增加精料 0.45kg,直到每 100kg 体重精料 1 ~ 1.5kg 为止。逐渐增加精料的目的是使瘤胃及其微生物逐渐适应日粮中的精料,并使母牛在此期有适当的增重,为即将来临的泌乳做好准备。在产前 4 ~ 7 天,如乳房过度肿大,可适当减少或停喂精料和多汁饲料。产前 2 ~ 3 天,日粮中应加入小麦麸等轻泻性饲料,以防止母牛便秘。精料配比为麸皮 70% 、玉米 20% 、大麦 10% ,另加少许食盐和骨粉。

三、干乳母牛的管理

1. 保证饲料,饮水质量

对于干乳母牛,不仅应适当增加饲料量,更要注意饲料、饮水的质量,饲料必须新鲜、清洁、质地良好。冬季不可饮过冷的水(水温应不低于 10 ~ 12℃),不喂冰冻块根饲料、腐败霉烂的饲料以及掺有麦角、真菌、毒草的饲料,以免引起流产、难产、胎衣滞留等疾病。

2. 适当运动

干乳母牛每天要有适当的运动,夏季有条件的可在良好的草场放牧,让其自由运动。但要与其他母牛分散放牧,以免相互挤撞或抵伤,发生流产。冬季可视天气情况,每天赶出牛舍运动 2 ~ 4 小时,同时增加光照,有利于维生素 D 的形成,防止产后瘫痪。临产前应停止运动。

3. 坚持刷拭和乳房按摩

母牛在妊娠期间,由于皮肤呼吸旺盛,易生皮垢,因此,每天应坚持刷拭,既保持畜体卫生,又促进母牛血液循环和使牛更加驯服易管。对干乳母牛每天要进行乳房按摩,对促进乳腺发育,提高分娩后的产乳量有一定的作用。一般可于干乳后 10 天左右开始按摩,每天 1 次,每次几分钟,产前 10 天左右停止按摩。

第七节 种公牛的饲养管理

俗话说"母好一窝,公好一坡"。自然交配时,一头种公牛可负担 20 头繁殖母牛的配种任务;采用人工授精技术时,一头种公牛可负担几百头繁殖母牛的配种任务。因此,搞好种公牛的饲养管理非常重要。

一、种公牛饲养管理的基本要求

对于种公饲养管理的基本要求,应该是在保证公牛体格健壮的基础上,努力提高其精液质量与延长其使用年限。

1. 体质健壮

保证种公牛体质健壮是提高其种用价值的基础。体质健壮的种公牛应精力充沛,雄性威势凛然,膘情适中,不过肥或过瘦。

2. 精液品质良好

精液品质良好的种公牛，其射精量、精子活力、密度等几项指标均保持较高水准。

3. 利用年限较长

科学地组织种公牛的饲养管理，合理地配种或采精，确保其健康体壮，延长利用年限。

二、种公牛的饲养

饲养种公牛，应该供应营养全面、多样搭配、适口性强、容易消化的饲料。

营养全面就是要根据饲养标准确定喂量和饲料配合，同时根据膘情和精液品质观察饲喂效果，由此对饲料作出及时调整。

多样搭配就是要做到饲料种类多，精、粗、青绿饲料要搭配适当。任何一种饲料都不是越多越好，要注意适量。精料要求含蛋白质高，精料的比例占总营养的40%以上。多汁饲料和粗饲料，虽然适口性好，富含多种维生素和富含粗纤维，是奶牛不可缺少的饲料，但它们的营养浓度低，长期喂量过多，会使种公牛消化器官容积扩大，形成"草腹"，影响种用效能。谷物籽实富含碳水化合物，能量高，常用于平衡日粮能量，喂量过多易造成牛体过肥、精液品质下降。豆饼等富含蛋白质的精料是种公牛的良好饲料，有利于精子形成，但属于生理酸性饲料，饲喂过多时不利于精子形成。青贮饲料本身含有多量的有机酸，不利于精子形成，宜少喂，喂量应控制在10kg以下。

骨粉、食盐等矿物质饲料对种公的健康和精液质量影响较大，尤其是骨粉，必须保证供应。食盐对促进消化机能，增进食欲和正常代谢也很重要，但喂量不宜过多，否则，对种公牛的性机能有某些程度的抑制作用。

另外，要保证种公牛有清洁充足的饮水，但在配种、采精或运动前后半小时内不宜饮水，以免影响种公牛的健康。

三、种公牛的管理

1. 栓系

6月龄时就应开始训练公犊牛戴笼头和习惯于牵引，10～12月龄时须穿鼻和戴鼻环，鼻环须用皮带将其吊起，系在缠角带上，并经常检查，防止损坏、脱缰、公牛伤人或互斗致伤。

2. 牵引

给种公牛戴鼻环后，要经常牵引，以养成温顺的性格。牵引种公牛时，应坚持双绳牵导的方法。即由两个人分别在牛的左后侧和右后侧牵引，人和牛保持一定距离。对烈性公牛，须用钩棒牵引，而由一人在牵住缰绳的同时，另一人两手握住钩棒，钩搭在公牛的鼻环上以控制其行动。

3. 运动

种公牛必须有充足的运动，使之活泼、健康、精力充沛。一般要求每天上、下午各运动一次，每次1.5～2小时，行走距离为4km左右。可以在牛场修建运动圈或运动道，也可放牧、套爬犁运动或拉车从事轻役活动。晴天，宜将种公牛拴系在铁索上

（铁索上套有铁滑轮），让其来回走动，进行每天 4 小时以上的日光浴。实践证明，运动不足或长期拴系，会使种公牛的性情变坏，精液品质下降，易患肢蹄病和消化道疾病。但运动过度或使役过度，同样会影响种公牛的健康和精液质量。

4. 刷拭和洗浴

要坚持每天定时对种公牛进行刷拭，以保持牛体清洁。刷拭时应小心细致，尤其要注意清除角间、额部、颈部的污垢，以免瘙痒抵人。夏季，要给种公牛进行洗浴，可边淋洗边刷，浴后擦干。

5. 按摩睾丸

为促进睾丸生长发育、改善精液品质，每天结合刷拭按摩睾丸 1～2 次，每次 5～10 分钟。

6. 护蹄

饲养人员要经常检查公牛蹄趾有无异常，要求保持蹄壁和蹄叉洁净，将附着的污物清除掉。为了防止蹄壁破裂，可经常涂抹凡士林或刺激的油脂。发现蹄病，及时治疗。一般每年春秋两季各修蹄 1 次。

此外，在采精时要注意人畜安全。采精架（台牛）的高矮要适宜，既不可因过矮而易伤公牛前蹄，也不可因过高而影响爬跨。采精室内一般用混凝土地面，上面可铺上橡胶、泥炭等物，以防种公牛滑倒。

四、提高种公牛配种率的技术措施

1. 良好的饲料和日粮配合

良好的饲料和日粮配合是提高种公牛性机能的主要保证。种公牛的饲料要采用麦麸、玉米、豆饼、大麦等合理搭配，并加入适量的血粉、骨肉粉、生鸡蛋之类的动物性饲料。如喂优质干草，精料中蛋白质应保持在 12% 左右，一般每天每 100g 体重喂 1.0～1.5kg 干草、1.0～1.5kg 块根、0.8～1.0kg 青贮料；混合精料的喂量依体重、体况、配种任务等确定，大约每天喂 3～5kg。

2. 适宜的环境条件

气候光照等环境变化对种公牛精液的受精能力影响很大。据报道，公牛日照不足可影响精液的受精力。一般公牛的受精力与日照时间成正比。公牛最适宜的温度一般是 2～24℃。与日照相比，温度对种公牛的影响更大。温度过高，则公牛的采精量，性欲和精液品质均下降；低温对精子的形成也有影响；在严寒、大风雪的环境条件下，使种公牛阴囊受冻，产生低劣的精液。因此，在管理上必须给公牛创造一个适宜的气候条件。夏季应注意防暑降温，冬季防寒保温。

3. 合理利用种公牛

种公牛的初配年龄应适当，不能过早或过迟。一般初配年龄为 1.5 岁，每周采精或交配 1～2 次，2 岁后每周 2～3 次，3 岁以上每周 3～4 次为宜。每间隔 5～10 分钟交配或采精 2 次，可使公牛保持良好的性欲，获得良好的精液。

4. 建立合理的配种（采精）制度

根据公牛气质类型，建立合理的配种制度。气质活泼的公牛很容易形成条件反射，气质怯弱的公牛多易被抑制，易胆怯，在嘈杂的环境中拒绝交配。对这类公牛，在交配时必须提供安静、舒适的环境，并要经常按摩睾丸，用温水清洗阴囊，以提高其性欲。气质放肆、悍烈的公牛易受刺激而冲动，很难形成阻抑反射，并易形成暴烈性格，还会勇于配种。对此类公牛，应建立严格的配种制度，防止恶癖现象发生。

第八节　奶牛场的建设及其设备

奶牛场的建设，必须明确经营方针、综合考虑饲养规模、资金、地理条件等各方面的因素，从奶牛的生物学特性出发，本着便于使用，清洁卫生，投资省，资源合理配置的原则，在事先进行周密调查的基础上合理筹划和设计。

一、奶牛场址的选择

（一）地势和位置

（1）奶牛场要求地势高燥，地下水位低（应在 2 米以下），地面平坦而稍有坡度（地面坡度以 1% 左右为宜），排水良好，江河沿海地区选址时要注意警戒水位线。

（2）奶牛场地方位应考虑日照、采光、温度和通风等方面的需要，一般采取坐北向南，偏东或西 15°~16° 较好。这样，牛舍夏季自然通风好，冬季寒风侵袭少，防寒防暑性能均较好。

（3）奶牛场的位置应选在距居民生活区、工作区、生产区较远的地方，一般要求在 500m 以上，并在下风方向。这样既有利于自身的安全，又可减少奶牛场污水、污物和有害气体对居民健康的危害。

（二）土壤条件和水源

（1）土壤条件对奶牛的影响颇大。适合建牛场的土壤，应该是透气、透水性强，吸湿性、导热性小，质地均匀，且抗压性强的土壤。以沙土最为适宜。

（2）奶牛场在生产管理上需要消耗大量的水，即人畜用水和冲洗牛舍、洗涤设置等用水，因此，选择牛场场址的水源要充足，水应符合生活饮用水的卫生标准，并确保未来若干年不受污染。

（三）饲料条件

在选择场址时，必须根据牛群的大小来计算饲料用量能否就近保证供应。如果有条件，在其附近，最好每头牛配备 1 000~2 000 m^2 饲草基地，并能有效利用牛场粪尿，以确保饲草供应。

（四）交通运输条件

奶牛场要求交通便利，以利于牛奶、饲料等物的运输，但又要避开交通要道，场区与铁路、交通主干道的距离应在 500m 以上，距一般道路 200m 以上，以防止疾病传入和保持环境安静，使奶牛有个良好的生产环境。

（五）能源供应条件

现代化程序较高的规模化奶牛场，机电设备较为完善，需要有足够的电力，才能确保奶牛生产正常运转。所以，奶牛场应尽量靠近输电线路，以减少新线敷设距离，保证生产用电，并有备用电源。

二、奶牛场的布局

（一）奶牛场布局的整体设计原则

一个稍有规模的奶牛场，在进行牛场布局的整体设计时，应将近期规划与长远规划结合起来，根据奶牛的饲养工艺要求，结合场地的地形、地势、交通运输条件、因地制宜，合理利用现有条件，在保证生产需要的前提下，尽量减少用地，并有利于奶牛粪便和污水处理，进行合理布局，整体设计。一般将奶牛场划分为生产区、行政管理区和生活区三大功能区。各区之间既相对独立，又有联系。

（二）奶牛场生产区与生产辅助区的布局

1. 生产区的布局

生产区是整个奶牛场的核心。一般以成年牛舍、挤奶厅为中心，青年牛房、犊牛房、产房、收贮室及人工授精室等分布在其附近，兽医室相对设在较远的地方，病牛隔离室和贮粪场一般设在偏僻的、远离牛舍的下风或偏风方向、距生产区50m以上的地方。生产区与外界相通的地方设有消毒室。

2. 生产辅助区的布局

生产辅助区主要包括饲料仓库、饲料加工间、干草及块根饲料存放处、青贮窖、锅炉房等。饲料库、粗饲料存贮场、青贮窖应设在距牛舍较近的部位，干草垛要和房舍保持一定距离，以利于防火。

（三）奶牛场行政管理区与生活区的布局

1. 行政管理区

奶牛场行政管理区主要是对外联系和对内生产指导机构，主要安排办公、接待、业务洽谈、化验、检测等，应与生产区严格分开。行政管理区要尽量靠近奶牛场大门，以利于对外联系，开展业务及防疫。

2. 生活区

奶牛场生活区主要包括职工宿舍、食堂和职工娱乐场所等。生活区应建在牛场的上风处与生产区要严格分开。

（四）奶牛场的绿化

绿化具有净化空气、防尘、防风遮阳、改善小气候状况、美化环境等作用。此外对缓和太阳辐射，降低气温也具有重要意义。奶牛场绿化包括道路两旁、场区隔离带及运动场周围的绿化。绿化种植的树种要因地制宜，根据当地的自然条件选择生长快、遮阳大、病虫害少的品种、如法桐、泡洞、刺槐等，并结合种植一些牧草、灌木、花卉等，加大覆盖面积，以便改善场内的气候，净化空气，美化环境。

三、奶牛舍的设计

（一）牛舍类型

由于饲养规模、气候条件、牛卧床的可靠度、牛场的机械化程度不同，牛舍的设计类型也有不同。但主要设计原则一方面要方便管理；另一方面又要在科学的基础上节约成本。一个奶牛场中常见的牛舍类型按照国际分类（主要依据饲养方式结合建筑形式分类）有四种形式：拴系/颈夹牛舍、散栏牛舍、单独牛栏、混群大牛栏。

1. 拴系式牛舍

拴系式牛舍是指奶牛休息、饲喂、挤奶均在同一地的牛舍，主要适用于手工挤奶方式的牛舍，多在产房使用。

拴系式牛舍在我国使用的比较普遍，每头牛有一个分开的牛床，在饲喂、挤奶和梳刷时都是针对单独个体的。拴系式牛舍的跨度通常在 10.5～12m，檐高为 2.4m，牛床的规格，如表 1-1 所示。

表 1-1　拴系式牛舍牛床的规格

奶牛体重（kg）	牛床宽度（mm）	牛床长度（mm）
400	1 000	1 450
500	1 100	1 500
600	1 200	1 600
700	1 300	1 700
800	1 400	1 800

＊如果拴系式颈枷前面设置调驯杆则牛床相应的短 100mm

2. 散栏牛舍

散栏牛舍是指在挤奶厅统一挤奶，在牛舍中有独立分开的休息躺卧区与饲喂采食区，且每个牛有单独的卧床。散栏牛舍起始于散放牛舍，散放牛舍是指奶牛休息与饲喂区分开，休息区铺有垫草，所有奶牛均在此休息，但奶牛与奶牛间没有分隔物，占地面积大，耗用垫草多，目前，已基本过渡到散栏牛舍。

散栏型牛舍通常适合饲养 50 头或更多的奶牛。牛舍内的采食区和休息区是独立的，奶牛不用拴系，牛舍内有采食通道和清粪通道，通道上的粪污可用刮粪板或者其他机械设备清除。

牛舍内的卧床有两列式、三列式、四列式、五列式和六列式，牛舍的跨度为 12～34m。牛舍的檐高最小为 2.7m。散栏式牛舍的卧床规格，如表 1-2 所示。

表 1-2　散栏式牛舍的卧床规格

奶牛的规格（kg）	牛床宽度（mm）	牛床长度（mm）
100	700	1 200
200	800	1 400
300	900	1 650
400	1 000	2 100
500	1 100	2 250
600	1 200	2 250
700	1 200	2 250

3. 混群大牛栏

该种牛舍可近似的看作为散放牛舍，但面积要小，牛头数一般仅为 6～8 只在一起，适用于断奶犊牛（3～6 月龄，3～10 月龄）。

4. 单独牛栏

单独牛栏多指犊牛栏，国内又称犊牛岛，犊牛栏每头牛一个牛栏，有的可移动。主要用于 6 月龄以下犊牛，特别是 2～3 月龄前的犊牛。

（二）牛舍的建筑形式

按国内常用的建筑形式分类有开敞式、半开敞式、有窗式 3 种形式。开敞式多用于南方地区或后备牛舍，半开敞式多用于华北地区或成乳牛舍，有窗式多用于产牛舍（产房）或北方寒冷地区。

四、挤奶中心

挤奶中心是用来挤奶、冷却和存贮牛奶的，是一个整洁的、高效的地方。挤奶中心要求高的投资和严格的卫生条件。

挤奶间一般指采用管道式挤奶，附属在牛舍上，必须满足严格的卫生要求。

牛奶集中存贮在奶罐中，确保牛奶冷却和干净。

挤奶厅集中挤奶，是一种正规的挤奶方式，这种方式是通过奶牛的运动来减少工作人员及其工作量。奶牛通常站在一个 750～900mm 高的平台上，工作人员在坑道中挤奶。挤奶厅设计时应当根据泌乳牛的头数、场主的要求及投资状况来决定采用何种形式。挤奶台常见的有并列式、鱼骨式、中置式、转盘式等。奶牛在待挤区内等待挤奶，待挤区地面要求粗糙，待挤区的面积按照每头 1.1～1.7m^2/头设计。设计待挤区时应当确保奶牛能够容易进入，没有尖锐的转角。

五、产栏、畜牧兽医室和犊牛饲养区

大多数奶牛场都喜欢将这个区设置在一个环境条件可以调节的牛舍内（或者部分在舍内），通常可能是改变现有牛舍中的设施。这个区域要求干净、保温、通风、光照好。每 20～25 个待产牛提供一个待产栏，规格为 3m×3m，或者提供一个没有槽的拴系式牛栏（在散放式牛舍中每 20～25 头牛设置一个拴系式处置栏）。奶牛场还需要设置隔离牛栏，每 40 头奶牛设置一个规格最小为 3m×3m 的隔离栏。3 月龄以下的犊牛需要在规格为 1 200mm×3 500mm 的犊牛岛中饲养。3～10 月龄的小育成牛需要在 2.2m^2/头的育成牛群养栏（有卧床）中饲养。有的奶牛场中可能采用散栏式饲养，其规格见表 1-2。

六、后备牛及干奶牛饲养区

保持后备牛与泌乳牛分开饲养。大多数奶牛场采用散放式饲养后备牛，其有利于分开大群和较小的育成牛。如果不想分开，应当在采食区留一定数量的自由采食栏，当然不能让小育成牛钻出去。10～24 月的后备牛每头需要 3.2m^2 的牛舍（有卧床）饲养。

由于饲养规模不同，牛舍的建筑设计类型和饲养方式也不同，牛舍类型主要有保温型和常温型，饲养管理方式主要有拴系式、散栏式和散放式，无论采用哪种类型和饲养方式，牛舍的设计都应当从防风、除湿及冷热应激方面保护奶牛，以给奶牛创造一个优良的生活环境。

七、运动场内的附属设施

1. 饮水槽

在运动场的一侧设置饮水槽。通常为长方形，宽度为 0.5m，深度为 0.4m，长度根据奶牛头数的多少而定。此外，在饮水槽的旁边，还要设有盛矿物质饲料和食盐的小槽，以使奶牛自由舔食。在小槽周围奶牛站立处的地面要硬化，以利于排水，保证场地干燥。

2. 饲槽

在运动场一侧，离牛舍门口稍近的地方设置饲槽，以便于奶牛在舍内吃剩下的饲草料收起来放进去，让奶牛自由采食。这样既可节约饲草，又能对奶牛起到补食作用。

3. 凉棚

在运动场的中间设立凉棚，以隔雨雪和防止日晒。凉棚不宜建得过低，否则不利于顶部热空气流通，也容易被牛抬头啃坏。一般以 3.5m 左右为宜，建筑面积按每头牛 3m²，即可满足要求。

八、粪污处理

常用的方法是采用人工或者用刮粪板将拴系式牛舍内的粪污从粪尿沟中清出。粪污直接堆粪或者发酵后做成有机肥。

散栏式牛舍中的牛粪通过刮粪板或者其他机械化工具将牛粪收集到牛舍的一端，然后用刮粪板或者罐车、泥浆泵通过管道抽到指定的区域。提供足够的空间（表 1 - 3）来储存和处理粪尿。

表 1 - 3 每头奶牛每天粪污量

奶牛的类别	产粪量	液体粪储存	固体粪量（包括垫料）
单位	(L)	(L)	(L)
0~3 月龄犊牛	5.4	5.4	
3~6 月龄犊牛	7.1	9.9	
6~15 月龄育成牛	14.2	19.8	17.0
15~24 月龄青年牛	21.2	31.1	22.6
泌乳牛（450kg）	45.3	62.3	
散放式牛舍			56.6
拴系式牛舍			50.9
散栏式牛舍	67.9	48.1	

九、饲料区

规划饲料存储时每头泌乳牛每头 13.6kg 干草（没有青贮饲喂的情况下），或者每头泌乳牛每头 40.8kg 青贮（没有干草饲喂的情况下）。如果采用 TMR 混合日粮饲喂，则按照表 1-4 计算。如果奶牛定时饲喂则每个牛位宽度为 700mm，如果不定时自由采食，则成母牛的采食槽宽度不小于 500mm，育成牛不小于 300mm。饲槽后沿的高度最大值为 550mm。

表 1-4 TMR 混合日粮

牛群	混合精料	干草	青贮
单位	（kg）	（kg）	（kg）
泌乳牛	8	5	3
干奶牛	6	5	18
0~3 月龄犊牛	1	1	8
3~6 月龄犊牛	2	3	4
6~15 月龄育成牛	3	4	10
15~24 月龄青年牛	4	5	15

十、奶牛场的防疫消毒设施

1. 围墙或防疫沟

在奶牛四周应建立围墙或防疫沟，以防外人或其他动物、野兽进入牛场。

2. 消毒池

在奶牛场大门和生产区的进出口处设置消毒池，池内消毒液要及时更换，经常保持有效浓度，以使人员、车辆进入场区和生产区时，鞋底和轮胎能被消毒，防止外界病原体带入场内。消毒池一般要用混凝土建造，其表层必须平整、坚固，能承载通行车辆的重量，还应耐酸、不透水。池的宽度以车轮间距确定，长度以车轮的周长确定，池深 10cm 左右即可。

3. 消毒间

一般在生产区的出入口处设置消毒间。消毒间内应设有消毒池、紫外线灯，供职工出入时进行消毒，以防工作人员把病原体带入生产区。

十一、青贮窖的建设及青贮饲料的调制和使用

凡用青饲料经控制发酵而制成的饲料都叫青贮饲料。优质青贮饲料喂牛适口性好，利用率高，效果好，是奶牛必备的饲料，可全年贮备。

（一）青贮窖的建设

青贮窖的位置应选择在地势高燥、土质黏硬、地下水位低（2m 以上）的地方。窖壁要坚固、紧密、平滑，可用水泥或石块等材料筑成，以隔绝内外空气。窖底要设排水

沟和青贮汁液收集池。青贮窖以长方形较为实用，其深度为窖底宽度的1/2以上，上宽下窄，稍有坡度。青贮窖的大小可根据奶牛头数、年饲喂青贮饲料的数量而定。一般情况下，每立方米青贮秸秆 450～500kg，青贮甘薯秧 700～750kg，青贮块根、块茎、菜类 800kg。

（二）青贮饲料的调制和使用

1. 青贮原料

调制青贮饲料时，对青贮原料应有如下要求。

（1）适量的碳水化合物。青贮原料中含糖量不宜少于 1.0%～1.5%，当用含蛋白质较多，碳水化合物较少的青豆秸等青贮时，须添加 5%～10% 的富含碳水化合物的饲料，以保证青贮饲料的品质。

（2）适宜的水分。一般青贮原料含水应在 65%～75%，原料粗老时不宜青贮，若要青贮须加水，使水分含量提高至 78%～82%。

（3）适宜的长度。原料长度一般以 3～5cm 为宜。

2. 青贮方法

（1）铡短。根据原料的差异应铡短在 2～10cm 为宜。

（2）装填。装填速度要快，装料前，窖底应先铺适当厚的碎草，装填后也同样如此。

（3）压实。压实是保证青贮饲料质量的重要一环。

（4）封埋。装窖压实后，在碎草上面覆盖塑料布，再用土填压。

3. 青贮料的利用

青贮饲料制作 40～50 天后，即可开使用，优质的青贮饲料应该是，颜色黄绿，柔软多汁，气味酸香，适口性好。

青贮料开窖使用应从背风的一头开始，逐渐向另一侧，从上往下分层取用，切勿全面打开，严禁掏洞取草，尽量减少与空气的接触面。取后要盖好，防止日晒、雨淋和二次发酵，冬季取出的青贮料应放在牛舍内，防止冻冰，夏季应边喂边取，防止发生霉烂变质。发霉变质的烂草不能饲喂家畜，取出后不要抛撒在窖的附近，应及时送到肥料堆去制作肥料。

青贮饲料的用量，应视牛的品种、年龄、用途和青贮饲料的质量而定，一般可将其作为唯一粗饲料使用，但应注意不要喂量过大造成拉稀。开始饲喂和停止饲喂时要有一个渐进的过程。通常喂量为，乳牛 20～30kg，役牛 10～15kg，种公牛、肉用牛 5～12kg。断奶后的生长肉牛 3～6 月龄每日每头可喂青贮料 5～10kg，6～12 月龄 10～15kg，12～18 月龄 15～20kg。另外还要给予干草和精料来综合平衡养分。

第九节　奶牛常见病防治

一、胎衣不下

（一）胎衣不下的原因
（1）正常奶牛在妊娠过程中，特别是妊娠后期运动不足。
（2）Ca、P不足。另外，饲料中营养不全，严重缺乏VA、VE以及微量元素硒。
（3）奶牛妊娠期营养量过大，造成胎儿过大引起难产，造成胎衣不下。
（4）奶牛的年龄偏大，胎次高。
（5）奶牛营养不良，身体瘦弱。
（6）当奶牛患有其他生殖系统疾病时。

（二）引起的后果
（1）子宫内膜炎，若不愈、造成不孕。
（2）全身感染，造成败血症，引发死亡。
（3）食欲下降，反刍减少，引发瘤胃积食鼓气，消化障碍。
（4）产奶量下降，甚至停止。

（三）主要症状
产后7小时以后，胎衣仍没有排下来，视为胎衣不下。

（四）预防措施
（1）饲养中注意饲料的全价性，保证营养成分齐全而不缺乏。
（2）妊娠奶牛在饲养管理中，注意日喂量、膘情及犊牛的发育情况。
（3）保证妊娠奶牛每天6小时的运动时间，应风雨不误。
（4）保证奶牛的身体健康，对生殖疾病及早治疗，及早治愈。

（五）治疗措施
1. 手术剥离

在产后18～24小时尽快进行，小心地将子叶逐个剥离干净，然后用0.1%高锰酸钾或雷佛奴尔溶液灌注冲洗，再把青链霉素或其他抗生素放入子宫，抹均匀。

2. 药物治疗

如没有即时剥离、肌注乙烷雌酚、己烯雌酚、催产素，加快胎衣排出。之后，宫内灌注冲洗，发现全身症状的，肌注或静注抗生素，如顶峰、宫炎消等。已引起子宫内膜炎的按子宫内膜炎治疗。

二、乳房炎

乳房炎是奶牛易发生的一种乳腺疾病，常发生于泌乳期，对奶牛的产奶量影响很大。及时发现，及时治疗，是保证奶牛正常产奶的关键一环。

（一）发生原因

牛舍及运动场卫生条件不好，污水淤积，粪便不及时清除，特别是对牛舍及运动场消毒不严或不消毒，造成病菌通过乳头侵入乳房。由于管理不当，奶牛互相顶撞造成外伤或其他机械碰撞，引起乳房外部或内部炎症。产前饲喂精料过多，产后马上饲喂精料或多汁饲料，造成乳房水肿时间过长，引起内部炎症。挤奶手法错误或机器挤奶负压过高，损伤乳头皮肤。消毒不严，造成病菌通过乳头侵入乳房，引起乳房炎。饲料中缺乏微量元素硒和维生素 E，也会增加乳房炎的发生率。

（二）主要症状

根据本病的发病经过，可分为 3 种类型。

急性型：乳房患部出现红、肿、热、痛现象，乳上淋巴结肿胀，产奶量急剧下降，严重者停奶，乳汁稀薄，内含絮片、凝块、浓汁或血液。病牛出现精神沉郁，食欲减少，体温升高等症状。

慢性型：急性为治愈，则转变为慢性型。主要症状是乳汁内含絮片、凝块、浓汁。病牛出现精神不振，食欲减少，产奶量下降。

隐性型：如未彻底治愈，则由慢性型转为隐性型。隐性型乳房炎无全身及乳房症状，但乳房炎检测呈阳性。

（三）防治措施

1. 预防措施

搞好牛舍及运动场卫生，严格消毒。加强管理，杜绝奶牛乳房外伤。产前一月限定精饲料喂量，产后一周以后根据产奶量，逐步加精饲料，以减轻乳房水肿。挤奶前，用 0.1% 高锰酸钾溶液对乳头消毒。配制全价合理的日粮，防止因营养缺乏、代谢不平衡而增加乳房炎的发生率。经常进行乳房检测，及时发现，及时治疗。

2. 治疗处方（供参考）

（1）乳房内治疗。挤完奶后，用乳管针把青霉素（160 万单位/乳区），链霉素（80 万单位/乳区）用生理盐水或安痛定稀释后注入乳房内部，并向上推按乳房，使药物作用于整个乳房。每日 2 次。此法在奶牛干乳期使用，效果显著。

（2）乳房外治疗。肌注治疗乳房炎专用消炎药，如热炎灵、乳炎王，乳炎消、洛奇注射液等。用鱼石脂、磺胺软膏涂抹在乳房上，消除乳房肿块。

中药治疗：给病牛灌服大地产康、乳炎英花散。也可用内治方剂：当归、红花、蒲公英、栝蒌、乳香、甲珠、连翘、双花各 16g，共研细末，一次冲服。柴胡、赤勺、青皮、莪术、漏芦、丹参、蒲公英、银花、甘草各 30～45g，水煎灌服——适用于慢性乳房炎。银花、玄参各 30g，当归、川芎、柴胡、栝蒌、连翘各 25g，蒲公英 50g，甘草 20g，共研细末，开水冲调，候温灌服。每日一剂，3 天为一疗程——适用于隐性乳房炎。对发生全身症状的奶牛，除乳房治疗外，还要肌注青霉素 320 万单位，链霉素 80 万单位，每日 2 次，连用数天。也可以用复方长效治菌磺肌注，每次 10 支，3 天 1 次，连用 2 次。

三、子宫内膜炎

(一) 发生原因

奶牛胎衣不下未治疗或未治愈；难产时，助产消毒不严，细菌侵入子宫；人工授精器械消毒不严，配种时，细菌侵入子宫；配种时不注意，损伤了子宫内膜；某些传染病和寄生虫侵入子宫，如布氏杆菌、结核杆菌、滴虫等；牛舍消毒不严，卫生不好，奶牛外阴部受污染，细菌侵入阴道并带入子宫，发生感染。

(二) 造成后果

子宫长期发炎，奶牛食欲缺乏，体温升高，产奶量下降；引起奶牛脓毒败血症，造成全身感染而死亡；造成奶牛长期不孕，失去利用价值。

(三) 主要症状

一般分为急性、慢性、隐性3种。患急性子宫内膜炎的奶牛体温升高，食欲减退，精神沉郁，产奶量显著下降。常努责，作排尿姿势。从阴门流出脓性黏液或脓性渗出物，有时夹带血液，有腥臭味。急性未治愈，病程时间较长，则转成慢性子宫内膜炎。主要症状：发情不正常，从阴门流出混浊常有絮状的黏液，阴道及子宫颈口黏膜充血，肿胀。未彻底治愈则转变呈隐性子宫内膜炎，无异常症状，各方面都很正常，但屡配不孕。

(四) 治疗措施

冲洗：用0.1%高锰酸钾溶液或0.1%雷佛奴尔溶液冲洗子宫，洗后再向子宫内注入20mL含有青霉素80万单位，链霉素100万单位的溶液，每天1次，连续几天。肌注专治子宫内膜炎药物，有全身症状的静注抗生素，补液、补糖。灌服中药。如大地产康、宫炎散等。

四、腐蹄病

(一) 发生原因

(1) 运动场地过于坚硬，对奶牛的肢蹄刺激较大，造成蹄质过度发育。同时，对奶牛的蹄壳和蹄间隙磨损比较严重，极易引起蹄间隙发炎和细菌感染。

(2) 对奶牛修蹄的重要性认识不足，普遍不修蹄，一年1次修蹄均不能保证。

(3) 运动场卫生条件不好，奶牛长期站立在粪尿、雨（雪）水当中，牛蹄受到长期浸泡；极易引起蹄间隙发炎和细菌感染。

(4) 运动场不整洁，泥土、粪尿中有砖块、草根、石头、树枝等杂物，磨损、刺伤蹄间组织，极易引起蹄间隙发炎和细菌感染。

(5) 奶牛日粮中营养不均衡，VA、VD严重不足，影响了钙、磷代谢，反映到牛体上普遍骨质较松，前后肢骨骼偏细，这也是引起蹄病的重要原因。

(二) 主要症状

奶牛跛行严重，经常以三蹄质支撑，消瘦、被毛紊乱，产奶量下降，食欲缺乏。蹄间隙腐烂，有的已形成空洞，向后延至蹄球部，造成球部肿胀、感染。敲击蹄部，有疼痛反应，切开蹄球皮肤，看到有黄色脓夜及坏死组织。表面发生溃疡并有恶臭味。相邻的趾间皮肤发生肿胀充血，潮红。

（三）治疗措施

10%硫酸铜浴蹄，涂抹抗菌药膏。清理蹄患部及蹄间隙、清创，将中药血竭粉抹入空洞创面，烙铁烧热，在血竭粉表面轻轻烙一下，血竭粉即可溶化形成一层保护膜，用绷带包扎。

消炎粉（膏）抹入创面，然后绷带包扎，一天换1次药。用抗菌药全身注射治疗。对蹄球部的脓肿，切开皮肤，挤净脓液，创面抹上消炎粉（膏），然后包扎好。全身注射抗菌类药物治疗。

（四）预防措施

平整、清理、软化运动场，排除污水粪尿，清除尖锐杂物，最好都用黄土运动场。每年保持1次修蹄。加强营养调控，饲喂全价营养平衡的日粮，防止钙磷代谢障碍。

五、不孕症

（一）发生原因

1. 营养方面

（1）育成期营养不良。奶牛在育成期，长期营养不良，缺乏蛋白质饲料，特别是缺乏微量元素和维生素，造成内分泌失调及繁殖器官严重发育不良。

（2）泌乳期营养不良。在奶牛的饲养管理中，长期营养不良，缺乏微量元素（硒、锌等）和维生素（VA、VE、VD、）造成不孕症。

2. 疾病方面

卵巢疾病：有卵巢静止即卵巢不发育卵泡，卵巢囊肿，持久黄体。

子宫疾病：子宫内膜炎，子宫肌瘤。

传染病：布氏杆菌病，弯曲菌性流产，病毒性流产，滴虫性流产。

3. 棉酚中毒（略）

4. 习惯性流产（略）

（二）防治措施

（1）饲喂全价、营养均衡的饲料。

（2）治疗疾病；淫阳丝子宝，如意安胎宝，中药治疗。

持久黄体：用卵泡刺激素（FSH）100～200单位，溶于5～10mL生理盐水肌注。注射促黄体释放激素类似物（LRH）400单位，肌注，隔日1次。

卵巢静止：用孕马血清（PMCG）肌注20～40mL，隔日一次。注射促黄体释放激素类似物（LRH）200～400单位，肌注，隔日一次。

卵巢囊肿：促性腺激素释放激素类似物（LRH）400～600单位，肌注，每日1次。绒毛膜促性腺激素（HCG），1次静注0.5万～1万单位。

其他疾病对症治疗。

六、瘤胃酸中毒

(一) 发生原因

瘤胃积食发病时间过长，前胃弛缓的继发，造成瘤胃内酸性物质大量入血，引起酸中毒。

(二) 主要症状

最急性，奶牛在 3～5 小时突然死亡。

一般症状：奶牛精神沉郁，食欲废绝，可视黏膜潮红或发绀，流涎，口鼻有酸臭味儿，瘤胃胀满，蠕动音消失。粪便酸臭稀软或水样，脉搏增加到 100～140 次/分，呼吸加快，体温偏低。病后卧地不起，角弓反张，眼球震颤，最后昏迷死亡。

(三) 治疗措施

(1) 制止瘤胃内产酸。用 1% 的氯化钠溶液或 1% 的碳酸氢钠溶液反复洗胃，直到瘤胃内容物 pH 值呈碱性。

(2) 解除酸中毒。静脉注射 5% 的碳酸氢钠 1 000～2 000mL。

(3) 补液。5% 糖盐水，复方氯化钠，生理盐水 6 000～10 000mL 每日，分 2～3 次静脉注射。

(4) 强心。20% 的安钠咖 10～20mL，静脉注射。

(5) 兴奋瘤胃机能。新斯的明 4～20mg，毛果芸香碱 40mg 皮下注射。

七、奶牛焦虫病

(一) 发生病因

焦虫寄生在奶牛的红细胞内引起。它是一种有明显地区性和季节性的流行性传染病，由蜱传染此病。

(二) 主要症状

奶牛体温高达 40～41℃，多呈稽留热，乳房、下腹部、可视黏膜苍白，出现黄疸，食欲减退，反刍停止，身体消瘦，产奶量急剧下降，最后因极度衰竭而死亡。

(三) 治疗措施

(1) 灭蜱，防止本病的传染。用杀虫剂（敌敌畏、敌百虫等）喷洒牛棚、牛舍、牛圈，3 个月 1 次。

(2) 体内外驱虫，用杀虫剂（敌敌畏、敌百虫等）喷洒牛体表，用依维菌素、阿维菌素喂牛，体内驱虫。

(3) 肌内注射贝尼尔（血虫净），8mg/kg 体重，配制成 0.5% 的溶液，隔日 1 次。静脉注射黄色素，3～4mg 体重，配制成 0.5% 的溶液，一次即可，或 2～3 天重复 1 次。

八、胃肠炎

(一) 发生原因

(1) 突然换料，造成奶牛的消化功能紊乱，引起胃肠炎。

（2）饲料（包括粗饲料、精饲料）发霉、变质、有毒，引起胃肠炎。

（3）饮用水过脏、过凉，引起胃肠炎。

（4）风吹雨淋，奶牛感冒，引起胃肠炎。

（5）某些传染病（巴氏杆菌病、沙门氏菌病、牛副结核）的继发症，引起胃肠炎。

（6）瘤胃积食、前胃弛缓、创伤性网胃炎等继发症，引起胃肠炎。

（二）主要症状

犊牛下痢、脱水。成年牛腹泻，反刍停止，食欲不振，腹痛不安，精神沉郁，体温升高，严重者粪便中混有脓血，里急后重，极度衰竭，卧地不起。

（三）治疗措施

（1）消炎：磺胺 15～25g，痢特灵 2～3g，每日 3 次，灌服中药牛羊肠痢欣，每日两次。

（2）止泻：碳酸氢钠 40g，淀粉 1 000g 1 次内服。0.1% 高锰酸钾溶液 3～5L，1 次内服。

（3）清理胃肠：硫酸钠、硫酸镁 300～400g 加水内服。液状石蜡 500～1 000mL、松节油 20～30mL，一次内服。

（4）补液：5% 葡萄糖生理盐水 3 000～5 000mL 或复方氯化钠 2 000mL，VC 2g，混合静脉注射。

九、皱胃移位

（一）发生原因

由于皱胃弛缓和皱胃机械性转移造成。

（二）主要症状

1. 左移位

奶牛多发生在分娩之后。食欲减少，拒食精料，反刍停止，左腹肋弓部膨大，腹痛，叩诊可明显听到钢管音，排粪迟滞或腹泻。

2. 右移位

突然发病，腹痛，呻吟不定，后肢踢腹，拒食贪饮，瘤胃蠕动停止，排粪黑色，心跳加快，右腹肋弓部膨大，叩诊可明显听到钢管音，常伴发脱水、休克和碱中毒而引起死亡。

（三）治疗措施

1. 滚转法

让病牛以背部为轴心，先向左滚转 45°回到正中，再向右滚转 45°，回到正中，如此反复摇晃 3 分钟，突然停止，最后使病牛站立，检查复位情况。此法成功率不高。

2. 手术疗法

皱胃移位一般采取手术疗法，左侧腹壁切开比较有利。

十、产后综合征

(一) 发生原因

奶牛产前饲养管理不当，或由于难产、胎衣不下、子宫内膜炎等继发而引起。

(二) 主要症状

奶牛产后，全身低热，精神不振，食欲减退，反刍次数减少或停止，粗饲料和精饲料采食量减少或停止，产奶量下降，消化机能障碍，阴门流出脓性排泄物。

(三) 治疗措施

(1) 灌服大地产康，每天一剂，连服 3 天。配合静注青霉素 640 万单位、安痛定、葡萄糖、生理盐水混合液 2 000 ~ 3 000mL。

(2) 灌服反刍力叮啉 100 ~ 150g，每天一剂，奶牛健胃舒 100 ~ 150g，每天一剂。

(3) 奶牛身体恢复正常后，加喂红黄催乳灵，每天一剂，连服 3 天。

十一、犊牛病毒性腹泻——黏膜病

(一) 发生病因

由牛病毒性腹泻——黏膜病病毒传染所致。

(二) 流行病学

传染源：患病动物及带毒动物，鼻漏、泪水、粪尿、精液均含病毒。

传播方式：通过直接接触或间接接触传染。

(三) 主要症状

急性型，病牛体温高达 40 ~ 42℃，精神沉郁，厌食，严重腹泻，可持续 1 ~ 3 周，粪便呈水样、恶臭，流涎，鼻腔流出浆性或黏性液体，咳嗽，呼吸急促。口腔黏膜充血糜烂。

(四) 防治措施

无特效治疗方法。犊牛断奶前接种疫苗。对病牛采取抗菌、补液、收敛消化道等方法。

补液可用静注葡萄糖、5% 碳酸氢钠、生理盐水混合液 2 000 ~ 3 000mL，每日 2 次。

灌服可用收敛剂、黄连素、痢特灵、生理盐水混合液 1 000mL。

十二、疥癣病

(一) 发生原因

疥癣病又叫牛螨病，病原体是螨寄生在牛的皮肤上。

(二) 主要症状

病牛在头颈部出现丘疹样不规则病变，病牛剧痒，使劲磨蹭患部，致使患部脱毛、落屑、皮肤增厚，失去弹性。鳞屑、污物、被毛和渗出物黏结在一起，形成痂垢。严重时可波及全身。

（三）治疗措施

先剪去牛患部和附近的被毛，然后反复涂药，直到痊愈。常用药物有敌敌畏及专用药物。用大地维新片进行内驱虫。还可以药浴病牛。

十三、酮病

（一）发生病因

机体代谢失调。

（二）主要症状

厌食，产奶量下降。

（三）预防措施

丙二酮：0.11~0.23kg/头/天，产犊后2周开始使用，持续6周。丙酸钠：产犊后开始使用，每天2次，持续6周。

（四）治疗措施

丙二醇：0.11~0.45kg/头/天，持续10天。丙酸钠：0.23kg/头/天，每天两次，持续10天。

十四、产乳热

（一）病因

机体代谢失调。

（二）主要症状

患牛共济失调，产犊前后体重均呈下降。

（三）防治措施

预防可于产犊前补饲维生素D_2：2 000万IU/头/天，分两次拌饲喂服，持续5~7天。

治疗可用含钙物质静脉注射。

十五、青草搐搦症

（一）发生原因

主要由于缺镁（低血镁）造成。多发生于青饲料丰富的季节。

（二）主要症状

神经过敏，步履蹒跚，全身性痉挛甚至死亡。

（三）防治措施

预防可用氧化镁：14g/头/天。治疗可静脉注射25%硫酸镁200mL。

第二章 肉牛生产

第一节 犊牛的饲养管理

一、犊牛的饲养

1. 犊牛的接生

犊牛出生后至 7 日龄以内称为初生期。

正常分娩，犊牛生出后母牛会舔去犊牛身上的黏液。若母牛不能舔掉黏液，则要用清洁毛巾擦干，尤其要注意擦掉口鼻中的黏液，防止呼吸受阻，若已造成呼吸困难，应使其倒挂，并拍打胸部，使黏液流出。

通常情况下，犊牛的脐带自然扯断。未扯断时，用消毒剪刀在距腹部 6 ~ 8cm 处剪断脐带，将脐带中的血液和黏液挤净，用 5% ~ 10% 碘酊药液浸泡 2 ~ 3 分钟即可。断脐不要结扎，以自然脱落为好。另外，剥去犊牛软蹄。

2. 哺乳期饲养

犊牛出生后应在 0.5 ~ 1 小时内让其吃上初乳（母牛产后 5 天 ~ 7 天之内所分泌的乳称为初乳）。第一次让小牛吃足初乳，每天吃的初乳量按小牛体重的 1/8 ~ 1/6 供给。初乳一般每天分 3 次饲喂，饲喂时的温度应保持在 35 ~ 38℃，初乳期每次哺乳后 1 ~ 2 小时，应饮温开水 1 次。如果犊牛拒绝于桶内吮吸初乳，可用胃管强制饲喂；如果产犊母牛死亡或因病初乳不能利用时，可喂其他母牛所产的初乳，若没有初乳可用人工乳代替。

犊牛经过 3 ~ 5 天的初乳期之后，即可开始饲喂常乳，进入哺乳期饲养，哺乳期为 60 ~ 90 天，哺乳量为 300 ~ 500kg，日喂奶 2 ~ 3 次，奶量的 2/3 在前 50 天内喂完。哺乳方法有两种，一种为人工哺乳，一种为自然哺乳。

人工哺乳：即犊牛出生后，与其母亲隔离，在犊牛舍集中饲养或在室外犊牛舍内，由人工辅助进行喂乳。在哺乳早期，犊牛最好喂其母亲的常乳，从 10 ~ 15 天开始，可由母乳改喂混合乳。

保姆牛哺育：采用保姆牛换群饲养犊牛的方法是天然哺育法的一种。采取此法时，在新生犊牛初乳哺育结束后立即跟随保姆牛。另外，一方面要注意选择健康、无病具有安静气质、产奶量中下等、乳房及乳头健康的母牛作为保姆牛；另一方面要选择好哺育犊牛，每群犊牛体重、年龄、气质要比较接近（差异不超过 10 天、10kg）。

二、犊牛早期断奶

（1）早期断奶的意义。犊牛哺乳期的长短和哺乳量因培育方向、所处的环境条件、饲养条件不同，各地不尽一致。实行早期断奶可大量节约鲜奶，降低培育成本。

（2）早期断奶时间的确定。

（3）一般日采食犊牛料达1kg以上方可断奶，上半年出生的犊牛约45天可断奶，下半年出生约60天可断奶。

（4）断奶方法。1~5日龄喂足初乳，6~20日龄平均每头每天喂5kg，21~30日龄每头每天喂2.5kg，犊牛料和优质干草让其自由采食。

三、犊牛早期补饲

1周龄时开始训练犊牛饮用温水，提早喂给一些青、精饲料。犊牛在20日龄时可以开始补喂青绿多汁饲料如胡萝卜、甜菜等，每天先喂20g，到2月龄时可增加到1~1.5kg，3月龄为2~3kg。从一周龄开始，在牛栏的草架内添入优质干草（如豆科青干草等），训练犊牛自由采食。青贮料可在2月龄开始饲喂，每天100~150g，3月龄时1.5~2.0kg，4~6月龄时4~5kg。

生后10~15天开始训练犊牛采食精料，初喂时可将少许牛奶洒在精料上，或与调味品一起做成粥状，或制成糖化料，涂擦犊牛口鼻，诱其舔食。开始时日喂干粉料10~20g，到一月龄时，每天可采食150~300g；2月龄时可采食到500~700g；3月龄时可采食到750~1 000g。常用的犊牛料配方：玉米50%，豆饼30%，小麦麸12%，酵母粉5%，碳酸钙1%，食盐1%，磷酸氢钙1%（对于0~90日龄犊牛每吨料内加50g多种维生素）。

为了预防犊牛拉稀，可在补饲过程中加以适当的抗生素。

四、犊牛的管理

（1）三勤、三观察。牛舍（栏圈）要勤打扫，勤换垫草，勤观察；并做到喂奶时注意观察食欲、运动时注意观察精神、打扫时注意观察粪便。

（2）三净。做到饲料净、牛体净和工具净。

（3）防止舔癖。

（4）对牛舍（栏圈）做好定期消毒。

（5）称重和编号。按育种和实际生产的需要进行称重，一般在初生时、6月龄、周岁、第一次配种前应予以称重。在犊牛称重的同时，还应进行编号，编号应以易于识别和结实牢固为标准。

（6）去角。一般在犊牛出生后的5~7天内进行。去角的方法主要有固体苛性钠法和电烙器去角法。

第二节　育成母牛的饲养管理

育成牛是指从第7月龄到18月龄的后备牛。育成期饲养的主要目的是通过合理的饲养保持心血管系统、消化系统、呼吸系统、乳房及四肢的良好发育，使其按时达到理想的体型体重标准和性成熟，按时配种受胎，并为其一生的高产打下良好的基础。

一、育成母牛的饲养

育成母牛的饲料应以粗饲料和青贮饲料为主，精料只作蛋白质、钙、磷等的补充。

（1）3～6月龄可采用的日粮配方。犊牛料2kg，干草1.4～2.1kg或青贮5～10kg。

（2）7～12月龄，要求供给足够的营养物质，粗饲料供给量一般为其体重的1.2%～2.5%，以优质干草为好，亦可用青绿饲料或青贮饲料替代部分干草，但替代量不宜过多。每天青粗饲料的采食量可达体重的7%～9%，占日粮总营养价值的65%～75%。精饲料的补充量，视牛的大小和粗饲料的质量而定，一般每日每头牛1.5～3.0kg。

（3）13～18月龄，日粮以粗饲料和多汁饲料为主，为了促进育成牛性器官的发育，其日粮要尽量增加青贮、块根、块茎饲料的喂量。混合料可采用如下配方：玉米40%，豆饼26%，麸皮28%，尿素2%，食盐1%，预混料3%。日喂量：混合料2.5kg，玉米青贮13～20kg，干草2.5～3.5kg，甜菜（粉）渣2～4kg。

（4）18～24月龄，进入配种繁殖期。育成牛生长速度减小，体躯显著向深宽方向发展。日粮以优质干草、青草、青贮料和多汁饲料及氨化秸秆作基本饲料，少喂或不喂精料。但到妊娠后期，由于胎儿生长迅速，需较多营养物质，应每日补充2～3kg精料。

二、育成母牛的管理

1. 分群

犊牛断奶后根据性别和年龄情况进行分群。7～12月龄牛和12月龄到初配的牛也应分群饲养，并根据牛群大小，应尽量把相近年龄的牛再进行分群，并训练其栓系，定槽认位。

2. 加强运动

在舍饲或拴系饲养管理条件下，青年牛每天必须进行2小时以上的驱赶运动或放牧，以增强体质。

3. 刷拭和调教

育成牛每天应刷拭1～2次，每天5～10分钟，及时除去皮垢，并定期修蹄。

4. 制订生长计划

根据肉牛不同品种和年龄的生长发育特点及饲草、饲料供应状况，确定不同日龄的增重幅度，制订出生长计划，一般从初生至初配，活重应增加10～11倍，2周岁时为12～13倍。

5. 母牛的初次配种

一般按 18 月龄初配，或按达成年体重 70% 时才开始初配。

第三节　繁殖母牛的饲养管理

一、青年母牛的饲养管理

青年母牛是指从初配受胎到初产分娩这段时期的后备牛。此时母牛尚未达到体成熟，身体的发育尚未完全停止，在饲养管理上除了保证胎儿和乳腺的正常生长发育外，还要考虑母牛自身的生长与发育。

（一）青年母牛的饲养

（1）妊娠前期，日粮既不能过于丰富，也不能过于贫乏，应以品质优良的干草、青草、青贮料和根茎为主，视具体情况，精料可以少喂或不喂。

（2）妊娠后期，即妊娠第 6~9 个月，根据膘情补必须另外补加精料，每天 2~3kg。按干物质计算，大容积粗饲料要占 70%~75%，精料占 30%~25%。

精料配方：玉米 52%，饼类 20%，麸皮 25%，石粉 1%，食盐 1%，微量元素、维生素 1%。但必须避免母牛过肥，以免发生难产。

饲喂顺序：精料量较多时，可按先精后粗的顺序饲喂。精料和多汁饲料较少（占日粮干物质 10% 以下）时，可采用先粗后精的顺序饲喂，即先喂粗料，待牛吃半饱后，在粗料中拌入部分精料或多汁料碎块，引诱牛多采食，最后把余下的精料全部投饲，吃净后下槽。

（二）青年母牛的管理

（1）在饲料条件较好时，应避免过肥和运动不足。充足的运动可增强母牛体质，促进胎儿生长发育，并可防止难产。

（2）防止驱赶、跑、跳运动，防止相互顶撞和在湿滑的路面行走，以免造成机械性流产。尤其是妊娠后期。

（3）怀孕牛禁喂棉籽饼、菜籽饼、酒糟等饲料；不能喂发霉变质食物和饮冰冻的水，避免长时间雨淋。饮水温度要求不低于 10℃。

（4）加强母牛的刷拭，培养其温顺的习性。

（5）环境应干燥、清洁、卫生，注意防暑降温和防寒保暖。

（6）从妊娠第 5~6 个月开始到分娩前 1 个月为止，每日用温水清洗并按摩乳房 1 次，每次 3~5 分钟，以促进乳腺发育，为以后产奶打下良好基础。

（7）怀孕后期应做好保胎工作，防止挤撞、猛跑。临产前注意观察，保证安全分娩。

（8）计算好预产期，产前两周转入产房。

二、分娩母牛的饲养管理

(一) 临产牛的观察与护理

1. 观察乳房变化

产前约半个月乳房开始膨大,一般在产前几天可以从乳头挤出黏稠、淡黄色液体,当能挤出乳白色初乳时,分娩可在 1~2 天内发生。

2. 观察阴门分泌物

妊娠后期阴唇肿胀,封闭子宫颈口的黏液塞溶化,如发现透明索状物从阴门流出,则 1~2 天内将分娩。

3. 观察是否"塌沿"

妊娠末期,骨盆部韧带软化,臀部有塌陷现象。在分娩前 1~2 天,骨盆韧带充分软化,尾部两侧肌肉明显塌陷,俗称"塌沿",这是临产的主要症状。

4. 观察宫缩

临产前,子宫肌肉开始扩张,继而出现宫缩,母牛卧立不安,频频排出粪尿,不时回头,说明产期将近。

观察到以上情况后,应立即将母牛拉到产间,做好接产准备。

(二) 分娩后的护理

母牛分娩后,要立即喂母牛以温热、足量的麸皮盐水(麸皮 1~2kg,盐 100~150g,碳酸钙 50~100g,温水 15~20kg),可起到暖腹、充饥、增腹压的作用。同时喂给母牛优质、嫩软的干草 1~2kg。为促进子宫恢复和恶露排出,还可补给益母草温热红糖水(益母草 250g,水 1 500g,煎成水剂后,再加红糖 1 000g,水 3 000g),每日 1 次,连服 2~3 日。

三、哺乳母牛的饲养管理

(一) 哺乳母牛的饲养

在泌乳早期(产犊前 3 个月),肉牛母牛日产奶量可达 7~10kg,或更多,能量饲料的需要比妊娠干奶牛高出 50%,蛋白质、钙、磷的需要量加倍。在饲喂青贮玉米或氨化秸秆保证维持需要的基础上,补喂混合精料 2~3kg,并补充矿物质及维生素添加剂。

精料配方:玉米 50%,熟豆饼(粕)20%,麸皮 12%,玉米蛋白 10%,酵母饲料 5%,磷酸钙 1.6%,碳酸钙 0.4%,食盐 0.9%,强化微量元素与维生素添加剂 0.1%。

(二) 哺乳母牛的管理

应加强乳房按摩,经常刷拭牛体,促使母牛加强运动,充足饮水。在泌乳末期(泌乳 3 个月至干奶),应根据体况和粗饲料供应情况确定精料喂量,混合精料 1~2kg,并补充矿物质及维生素添加剂。多供青绿多汁饲料。

四、干乳母牛和空怀母牛的饲养管理

（一）干乳母牛和空怀母牛的饲养

产奶量高的母牛干乳期一般平均为 50～60 天。肉乳兼用牛和肉用牛产奶量不高，可采用快速干乳法。即从进入干乳之日起，在 4～7 天内将奶干完。

方法是，从干乳期的第一天开始，适当减少精料，停喂青绿多汁饲料，控制饮水，加强运动，减少挤奶次数或犊牛哺乳次数。母牛在生活规律突然发生巨大变化时，产奶量显著下降，一般经过 5～7 天，就可停止挤奶。最后挤奶时要完全挤净，用杀菌液将乳头消毒后注入青霉素软膏，以后再对乳头表面进行消毒。

母牛在干乳 10 天后，乳房乳汁已被组织吸收，乳房已萎缩。这时可增加精料和多汁饲料，5～7 天达到妊娠母牛的饲养标准。

（二）干乳母牛和空怀母牛的管理

干奶期管理应注意不喂劣质的粗饲料和多汁饲料。冬季不饮冰冻的水和饲喂冰冻的块根饲料及青贮料，少喂菜籽饼和棉籽饼，注意补充钙、磷微量元素及维生素。注意观察乳房停奶后的变化，保证牛有适当的运动．牛舍应保持干燥、清洁。

充分利用粗饲料，降低饲养成本。青年母牛在配种前应具有中上等膘情，过瘦过肥往往造成母牛不发情而影响繁殖。同时要保持牛舍干燥清洁、通风良好。

第四节　肉牛育肥技术

一、育肥肉牛的饲养管理原则

1. 驱虫

育肥牛在育肥前应进行体内外驱虫。体外寄生虫可使牛采食量减少，抑制增重，育肥期增长。体内寄生虫会吸收肠道食糜中的营养物质，影响育肥牛的生长和育肥效果。根据牛的体重计算出用药量，逐头进行驱除。驱虫方法有拌料、灌服、皮下注射等。驱虫药物可选用丙硫苯咪唑、左旋咪唑、阿维菌素、抗蠕敏等。1 周后再进行一次驱虫。

2. 及时防疫

育肥前做好结核病、布病的检疫，发现阳性者立即淘汰；及时对育肥牛进行五号免疫注射，确保育肥牛健康无病。

3. 减少活动

对于育肥牛应减少活动，每次喂完后应每头单拴系木桩或休息栏内，缰绳的长度以牛能卧下为宜，这样可以减少营养物质的消耗，提高育肥效果。

4. 坚持"五定"、"五看"、"五净"的原则

（1）"五定"。

①定时：每天饲喂 3 次，7:00～9:00，14:00～16:00，21:30～23:30。上、中、下午定时饮水 3 次。

②定量：每天的喂量，特别是精料量严格按照饲料配方饲喂量，不能随意增减。

③定人：每个牛的饲喂等日常管理要固定专人，以便及时了解每头牛的采食情况和健康，并可避免产生应激。

④定刷拭：每天上、下午定时给牛体刷拭一次，以促进血液循环，增进食欲。

⑤定期称重：为了及时了解育肥效果，定期称重很必要。首先牛进场时应先称重，按体重大小分群，便于饲养管理。在育肥期也要定期称重。由于牛采食量大，为了避免称重误差，应在早晨空腹称重，最好连续称两天取平均数。

（2）"五看"。指看采食、看饮水、看粪尿、看反刍、看精神状态是否正常。

（3）"五净"。

①草料净：饲草、饲料不含沙石、泥土、铁钉、铁丝、塑料布等异物，不发霉不变质，没有有毒有害物质污染。

②饲槽净：牛下槽后及时清扫饲槽，防止草料残渣在槽内发霉变质。

③饮水净：注意饮水卫生，避免有毒有害物质污染饮水。

④牛体净：经常刷拭牛体，保持体表卫生，防止体外寄生虫的发生。

⑤圈舍净：圈舍要勤打扫、勤除粪，牛床要干燥，保持舍内空气清洁、冬暖夏凉。

5. 牛舍及设备常检修

缰绳、围栏等易损品，要经常检修、更换。牛舍应防雨、防雪、防晒、冬暖夏凉。

二、肉牛的育肥技术方法

1. 育肥牛的选择

（1）品种。选购优良肉用品种、兼用品种与地方土种杂交的改良牛，如西门塔尔牛、三河牛、科尔沁牛、草原红牛等。

（2）年龄、体重。选择 13～14 月龄、体重不低于 250kg、未去势的杂交公牛。

（3）体型外貌。选择鼻镜温润，双目明亮，双耳灵活，口大而方，食欲旺盛，四肢高而结实，身躯长，骨架清晰，胸身宽而不丰满，肌肉较薄，毛密柔软光亮，皮肤松弛而富有弹性和体况健康无病的牛。

2. 育肥牛的饲养

（1）过渡期（观察、适应期）饲养。10～20 天，因运输、草料、气候、环境的变化引起牛体一系列生理反应，通过科学调理，使其适应新的饲养管理环境。前 1～2 天不喂草料只饮水，适量加盐以调理胃肠，增进食欲；以后第一周只喂粗饲料，不喂精饲料。第二周开始逐渐加料，每天只喂 1～2kg 玉米粉或麸皮，不喂饼（粕）。观察适应期结束，无异常时调入育肥牛舍。

（2）催肥期饲养。一般为 3～4 个月，体重达到 450kg（或以市场销售而定）出栏。精料量较多，可按先精后粗的顺序饲喂。精料和多汁饲料较少（占日粮干物质 10% 以下）时，可采用先粗后精的顺序饲喂，即先喂粗料，待牛吃半饱后，在粗料中拌入部分精料或多汁料碎块，引诱牛多采食，最后把余下的精料全部投饲，吃净后下槽。日粮要现拌现喂，不要拌得过多，以免造成浪费。精饲料日喂量 2～4kg，粗饲料自由采食。

一般开始 30 天内，精粗饲料比为（3：7）～（1：1），粗蛋白质含量为 12%；中间 70 天，精粗饲料比为 6：4，粗蛋白质含量为 11%；最后 10～20 天，精粗饲料比为

（7：3）～（8：2），精料粗蛋白质含量为10%。一般在最后10天，精料日采食量应达到4～5kg/头，粗饲料让牛自由采食。

精饲料如玉米粉碎粒度应在1mm以上，高粱粉碎粒度达1mm。粗饲料应切割粉碎长度以5～10mm为宜。

合理利用啤酒糟、淀粉渣等工业副产品结合添加剂使用，就能代替日粮内90%的精饲料，日增重仍可达1.5kg。其用法：啤酒糟每天每头牛喂15～20kg，加150g小苏打、100g尿素、100g肉牛添加剂预混料。淀粉渣、豆腐渣、糖、酱油渣，每天每头牛喂10～15kg，加150g小苏打、100g尿素、100g肉牛添加剂预混料。

青贮玉米是育肥牛的优质饲料，饲喂青贮料时，在较低的精料水平下，就能达到较高的日增重，按玉米青贮干物质的2%添加尿素，能获得很好的效果。

3. 育肥牛的管理

经常搞好环境卫生和进行防疫灭病工作，定期驱除体内外寄生虫，牛舍在进牛前用20%生石灰或来苏尔消毒，门口设消毒池，以防病菌带入。牛体消毒用0.3%的过氧乙酸消毒液逐头进行一次喷体。

不喂霉败变质饲料。出栏前不宜更换饲料，以免影响增重。粗饲料应进行处理，玉米秸青贮、盐化或微贮之后饲喂。保证饮水清洁、充足，夏季饮凉水、冬季饮温水。日粮中加喂尿素时，一定要与精料拌匀，且不宜喂后立即饮水，一般要间隔一小时再饮水。用酒糟喂牛时，不可温度太低，且要运回后立即饲喂，不宜搁置太久。其余见育肥肉牛的饲养管理原则。

公、母要分栏饲养。一般公牛比阉牛增重速度高10%，阉牛比母牛高10%，但是公牛阉割去势后1～2月影响生长发育。采用药物或激素去势，用药时间长，效果差，同时，有药残、激素残留，肉品不符合卫生要求，所以，在选购架子牛时要考虑性别对增重速度的影响，公牛育肥不宜去势。

三、育肥牛参考日粮配方

（1）以青贮玉米为主的料配方（湿重）。青贮玉米80.8%、玉米17.1%、棉籽饼2.1%。

（2）以酒糟为主（湿重）的饲料配方（以300kg体重的生长肉牛为例）。玉米1.5kg、鲜酒糟15kg、谷草2.5kg、尿素70g、食盐30g、添加剂预混料100g。由于酒糟的粗蛋白降解度低，易导致瘤胃内可降解氮不足，使粗纤维消化率下降，若在酒糟日粮中加入一定比例的尿素就能取得较好的效果。

（3）规模牛场体重300kg以下肉牛的配方。玉米61kg、麸皮15kg、棉（杂）饼20kg、食盐1kg、骨粉1kg。每头牛每天100g预混料，2kg精料，粗饲料让其自由采食。

（4）规模牛场体重300kg以上肉牛育肥配方。玉米70kg、麸皮13kg、棉（杂）饼15kg、食盐1kg、骨粉1kg。每头牛每天100g预混料，3～3.5kg精料，粗饲料让其自由采食。

四、肥育肉牛何时出栏效益高

从肉牛的生长发育规律开看，采取"两头高带中间"的肥育法比较适宜。犊牛一岁前生长较快，第二年增长仅为第一年的70%，第三年仅为第二年的50%，这样，从消耗饲料来比，2岁时多耗饲料42%，3岁多耗饲料65%。可见，从消耗饲料量和资金周转，及设备利用方面考虑，凡饲养年龄小的牛比较有利。反过来，把出栏年龄缩短，老龄肥育牛少了，出栏率达到25%以上。若繁殖母牛提高到60%，出栏率可达到40%以上。由此可见，缩短牛的饲养期，不仅可以提高出栏率，而且还可增加牛群的母牛比例和产犊数量，养牛经济效益大大提高。

第五节　肥育牛场建设和设备

一、牛场位置的选择

肉牛场要修建在地势高燥、背风向阳、空气流通、地下水位低、易于排水并且有缓坡的平坦开阔的地方。要求地下水位低于2m，最高水位应在青贮窖（坑）底部以下，总的坡度应向南倾斜，山区或丘陵地带应把牛场建在山坡南面或东南面。

肉牛场场址的水量应充足，水质良好，以保证生活、生产及牛等的正常饮水。通常以井水、泉水等地下水为好，而河、溪、湖、塘等水应尽可能经净化处理后再用。场址应距饲料地较近，交通方便、供电有保证。但要适当远离公路、铁路、机场、牲畜交易市场、屠宰场及居民区，以防疾病传播及噪声等的影响。要求距交通道路不少于100m，距交通干线不少于200m。另外，建牛场还应考虑当地常年的主要风向，牛场应建在居民区（点）的下风头，距住宅不少于150~300m。总之，肉牛场要建在居民区、生活区及水源下风向的地方，以利于环境卫生。

肉牛场的大小，要根据每头牛所需要面积（10.0~15.0m^2），结合长远规划来计算，牛舍及房舍的面积一般占场地总面积的15%~20%。

二、牛舍的建造

1. 选址与朝向

建造牛舍，应选择干燥向阳的地方，以便于采光和保暖。牛舍的朝向，不仅与采光有关，而且与寒风侵袭有关。在寒冷地区，由于冬春季风向多偏西和偏北，因此，牛舍以坐北朝南或朝东南为好，以利于采光和保暖。

2. 肉牛舍的建筑要求

（1）舍顶。牛舍屋顶要求选用隔热保温性好的材料，并有一定的厚度，要求结构简单、经久耐用。样式可采用坡式（单坡式或双坡式）、平顶式及平拱式等。

（2）墙壁。牛舍的墙壁要坚固，保温性能良好。砖墙厚24cm或37cm，双坡式牛舍脊高3.2~3.5m，前后墙高2.2m；单坡式牛舍前墙高2.2m，后墙高2.0m；平顶式牛舍墙高2.2~2.5m。舍内四壁应从地面算起抹0.5~1m高的墙围。

（3）地面、牛床和通道。牛舍地面可采用砖地面或水泥地面，坚固耐用且便于清扫和消毒。牛床的长度一般育肥牛为1.6~1.8m，成年母牛为1.8~1.9m，宽1.1~1.2m。牛床坡度为1.5%，前高后低。牛床以水泥抹面较多，导热性好，坚实耐用，虽然造价高些，但易于清洗和消毒。牛舍的通道可分为中央通道和饲料通道。对尾式饲养的双列式牛舍，中央通道宽1.3~1.5m，两边饲料通道各宽0.8~0.9m；对头式饲养的双列式牛舍，中间通道（兼作饲料通道）宽1~1.5m，一般来说，通道宽应以送料车和清洁车能够通过为原则。

（4）饲槽。饲槽设在牛床的前面，有固定式和活动式两种，可根据实际情况设计安置。

（5）门窗。牛舍的大门应坚实牢固。大型双列式牛舍，一般设有正门和侧门，门向外开或建成铁质左右拉动门，正门宽2.2~2.5m，侧门宽1.5~1.8m，高2m。南窗要较多较大（1.0m×1.2m）北窗宜少而小（0.8m×1.0m。窗台距地面高度1.2~1.4m。要求窗的面积与牛舍占地面积的比例按1：（10~16）设计。

（6）粪尿沟和污水池。牛舍内的粪尿沟应不渗漏，表面光滑。一般宽28~30cm，深15cm，倾斜度1：（50~100），粪尿沟通至舍外污水池，应距牛舍6~8m，其容积根据牛的数量而定。舍内粪便必须每天清除干净，运至牛舍外的贮粪场。贮粪场距牛舍至少50m。

（7）运动场。牛舍外的运动场大小应按牛头数多少和体型大小而确定。一般育肥肉牛每头应占有面积8~10m^2。育肥牛一般应减少运动，饲喂后拴系在运动场上休息，以减少消耗，提高增重。对于繁殖母牛，每天应有充足的运动和日光浴，对于公牛应强制运动，以保证牛体健康。

3. 牛舍的类型

牛舍的形式按牛床在舍内的排列形式可分为单列式、双列式和多列式；按屋顶形状可分为单坡式、双坡式、平顶式和平拱式；按牛舍墙壁可分为敞棚式、开敞式、半开敞式、封闭式和塑料棚式等。下面着重介绍一下单坡式牛舍和双坡式牛舍及塑料暖棚式牛舍。

（1）单坡式牛舍。一般多为单列开敞式牛舍，由三面围墙组成，南面敞开，舍内设有料槽和走廊，在北面墙上没有小窗，多利用牛舍南面的空地为运动场。这种牛舍采光好，空气流通，造价低廉。但舍内温度不易控制，常随舍外的气温而变化，湿度亦然。虽夏热冬凉，但冬季还是可以减轻寒风的袭击，适于冬季不太冷的地区。

（2）双坡式牛舍。舍内的牛床排列多为双列对头或对尾式，以及多列式。这种牛舍可以是四面无墙的敞篷式，也可以是开敞式、半开敞式、封闭式。敞篷式牛舍适于气候温和的地区。在多雨的地区，可将食槽设在棚内。这种牛舍无墙，依靠立柱设顶。开敞式牛舍有东、北、西三面墙和门窗，可以防止冬季寒冷的侵袭。在较寒冷的地区多采用半开式与封闭式，牛舍北面及东西两侧有墙和门窗，南面有半堵墙者为半敞式，南面有整堵墙者即为封闭式。这样的牛舍造价高，但寿命长，有利于冬春季节的防寒保暖，但在炎热的夏季必须注意通风和防暑。

（3）塑料暖棚式牛舍。在我国北方冬季寒冷、无霜期短的地区，可将敞棚式或半开敞式牛舍用塑料薄膜封闭敞开部分，利用阳光热能和牛自身体温散发的热量提高舍内温度，实现暖棚养牛。

①塑料暖棚的建造：暖棚应建在背风向阳、地势高燥处。若在庭院要靠北墙，使其坐北朝南，以增加采光时间和光照强度，有利于提高舍温，切不可建在南墙根。所用塑料薄膜要选用白色透明的农用膜，厚 0.02 ~ 0.03mm。棚架材料因地制宜，可用木杆、竹竿、铁丝、钢筋等。防寒材料用草帘、棉帘、麻袋均可。

暖棚舍顶类型可采用平顶式、单坡式或平拱式。据实践证明，以联合式（基本为双坡式、但北墙高于南墙，故舍顶不对称）暖棚为好，优点是扣棚面积小，光照充足，不积水，易保温，省工省料，易于推广。塑料薄膜的扣棚面积占棚面积的 1/3 为佳。

②塑料暖棚的使用：塑料暖棚建造后，必须合理使用才能达到预期目的。使用时，首先应确定适宜的扣棚时间。根据无霜期的长短，我国北方寒冷地区一般的适宜扣棚时间是从 11 月上旬至第二年 3 月中旬。扣棚时，塑料薄膜应绷紧拉平，四边封严，不透风；夜间和阴雪天要用草帘、棉帘或麻袋片将棚盖严以保温；及时清理棚面的积雪或积霜，以保证光照效果良好和防止损伤棚面薄膜；舍内的粪尿每天要定时清除。为保证棚舍内空气新鲜，暖棚必须设置换气孔或换气窗，有条件时要装上换气扇，以排出过多水分，维持舍内适宜温、湿度，清除有害气体并可防止水气在墙壁和塑料薄膜上凝结。一般进气孔设在暖棚南墙 1/2 处的下部，排气孔设在 1/2 处的上部或塑料棚面上。每天应通风换气 2 次，每次 10 ~ 20 分钟。育肥肉牛在棚内的饲养密度，以每头牛占有 4m^2 为宜。

三、养牛设备

（一）附属设施

1. 饲槽

饲槽是牛舍不可缺少的附属设施，形式很多，有木质和混凝土制成的等。体重 450kg 以上的育肥牛，每头要确保有 70cm 长的饲槽。在成年母牛舍的运动场，可设补饲槽。无论何种形式的牛舍，在其饲槽上方均应加设屋檐，防止饲槽里漏进雨水。

2. 水槽

水槽和饲槽一样也是不可缺少的附属设施。可用自动饮水器，也可以用装有水龙头的水槽，用水时加满，至少在早晚各加水一次。水槽要抗寒防冻，寒冷地带最好考虑从水槽下部引管道供水，注满水后仅仅表面结冰层，水龙头安在原建筑物内可防止水管冻坏。

3. 地磅

对于规模较大的肉牛场，应设地磅，以便对运料车等进行称重。

4. 堆肥场

每个牛舍为了排尿积肥都应有混凝土砌成的堆肥场。堆肥场的面积，每头牛需 5 ~ 6m^2，如果不设堆肥场不妨碍其他作业，亦要将粪便直接运往田中或固定地方堆积。

5. 庇阴

在炎热地带，夏季的直射日光对牛有不良的影响，必须考虑加蔽日设施。可在牛舍的西、南侧及沿围栅种植庇阴树木，或在围栅内立四根立柱搭起凉棚。如无蔽日光直射的设施，牛易患日射病或热射病。

（二）常用器具和机具

1. 管理器具

牛刷拭用的铁挠、毛刷，拴牛的鼻环、缰绳、旧轮胎制的颈圈，清扫畜舍用的叉子、三齿叉、翻土机、扫帚，测体重的磅秤、耳标、削蹄用的短削刀、镰刀、无血去势器、体尺测量器等。

2. 饲养器具

饮食用的水槽和饲槽，切草用的铡刀、铡草机，送精料用的小推轮车或小独轮车，称料用的计量器（10kg的弹簧秤、台秤等），有时需要压扁机或粉碎机等。

3. 饲料生产机具

大规模生产饲料时，需要拖拉机和耕作机械。青贮窖、青贮料切割机。

第六节 肉牛常见病防治

1. 口蹄疫

该病流行于一年四季。

主要症状：体温升高达40～42℃，口腔黏膜红肿溃烂，有水泡。

治疗措施：发病后用抗病毒药物肌内注射5天一疗程，2～3个疗程即可。口腔炎症用青＋链（1 600万＋500万＋板蓝根300mL）打到口腔炎症消失为止。

2. 传染性胸膜肺炎

主要流行于肉牛舍饲期间，环境差、运输途中易发病。

主要症状：急性，呈腹式呼吸，有典型的胸膜肺炎症状，高热、流浆液或脓性鼻液，由于呼吸困难易发出"吭"声，触诊肋间有疼痛表现。慢性，食欲时好时坏，常发干咳，胸前、腹下颈部有水肿。

治疗措施：用氟苯尼考、替米考星等注射液肌内注射治疗。也可用复方盐酸林可霉素（硫酸霉素＋正泰霉素）治疗。

3. 牛病毒性腹泻

主要流行4～24月龄犊牛，以冬季和春季交会间多发。

主要症状：急性、突然发病，体温升高达40～42℃，鼻镜口腔黏膜溃烂；舌上皮坏死，呼气恶臭，断而发生严重腹泻，呈水样，有纤维素性伪膜和血。慢性的以持续性或间歇性腹泻和口腔黏膜发生溃疡为特征，有的皮肤皲裂，出现局限性脱毛和表皮角化。

治疗措施：有条件时注射疫苗预防，发病时用抗生素和磺胺类药品治。由于长时间带毒，故应淘汰。

4. 瘤胃积食

由于过多采食容易膨胀的饲料，如豆类、谷物等；采食大量未经铡断的半干不湿的甘薯秧、花生秧、豆秸等；突然更换饲料，特别是由粗饲料换为精饲料又不限量喂饲时，易发生该病；若瓣胃阻塞、创伤性网胃炎、真胃炎和热性病等也可继发。

主要症状：牛发病初期，食欲、反刍、嗳气减少或停止，鼻镜干燥，表现为拱腰、回头顾腹、后肢踢腹、摇尾、卧立不安；触诊时瘤胃胀满而坚实，呈现沙袋样，并有痛感，叩诊呈浊音，听诊瘤胃蠕动音初减弱，以后消失。严重时呼吸困难、呻吟、吐粪水，有时从鼻腔流出。如不及时治疗，多因脱水、中毒、衰竭或窒息死亡。

治疗原则：应及时清除瘤胃内容物，恢复瘤胃蠕动，解除酸中毒。

腹泻疗法：硫酸镁或硫酸钠500～900g，加水1 000mL，液状石蜡油或植物油1 000～1 500mL，给牛灌服，加速排出瘤胃内容物。

促蠕动疗法：可用兴奋瘤胃蠕动的药物，肌注，能收到好的治疗效果。

病牛饮食欲废绝，脱水明显时，应静脉补液，同时，补碱，如25%的葡萄糖500～1 000mL，复方氯化钠液或5%糖盐水3～4L、5%碳酸氢钠液500～1 000mL等，一次静脉注射。

5. 牛前胃弛缓

若长期饲喂粗硬劣质准以消化的饲料，饲喂缺乏刺激或刺激性小的饲料，饲喂品质不良的草料或突然变换草料等，均可引起该病发生。

主要症状：食欲减退或废绝，反刍缓慢，次数减少或停止，瘤胃蠕动无力或停止，肠蠕动音减弱，排粪迟滞，便秘或腹泻，鼻镜干燥，体温正常。久病日渐消瘦，触诊瘤胃有痛感，有时胃内充满了粥样或半粥样内容物。最后极度衰弱，卧地不起，头置于地面，体温降到正常以下。

防治措施：注意改善饲养管理，合理调配饲料，不喂霉败、冰冻等质量不良的饲料，防止突然变换饲料；加强运动，合理使役；治疗原则是消除病因，恢复病牛瘤胃的蠕动能力。

可用新斯的明皮下注射。也可以给病牛静注10%氯化钠300～500mL，维生素B₁ 30～50mL，10%安钠咖10～20mL，每天1次；同时取党参、白术、陈皮、茯苓、木香各30g，麦芽、山楂、神曲各60g，槟榔20g，煎水内服。

也可促进病牛反刍：可用促反刍500～1 000mL（蒸馏水500mL，氯化钠25g，氯化钙5g，安钠咖1g）静脉注射。

恢复瘤胃微生物群系：可用刚吐出的牛的瘤胃液或反刍口腔内的草团，经口灌入病牛的瘤胃内。

6. 瘤胃臌气

是由于吃食易发酵的饲草或饲料，并粗纤维含量过大。造成肠内发生便秘阻碍气体的排出，胃内产生过多加工不能排出，致使胃内臌气。

治疗措施：用排透管针穿刺放气，排除肠道阻物。

7. 腹泻

腹泻的原因多种多样，有饮水过多、饮水不卫生、饲料酸中毒、受凉、某些传染病等都会引起腹泻。

主要症状：粪便稀薄如水，大肠音增强，肠内产气过多。

防治措施：夏季控制饮水，不饮用池表水，用痢菌净饮水或氟哌酸饮水，肌注乙酰喹注射液。如果是用酒糟饲喂用量不当造成的酸中毒腹泻，可在饲喂酒糟的同时，加足小苏打用量缓解中毒。同时，用健胃散拌料饲喂病牛，量要足。

8. 牛低温症

因受寒潮侵袭所致。患牛神差食减，起卧困难，耳、鼻甚至全身冰凉，体温 36℃ 以下，常衰竭死亡。

防治：供给质优易消化的饲料，加强防寒保温，同时静注 5% ~ 20% 葡萄糖液 1 500 ~ 2 000mL，肌注 10% 樟脑磺酸 10 ~ 20mL，并配合中药熟附子 60g，干姜、炙甘草各 40g，研末，开水冲。

9. 牛百叶干

又称瓣胃阻塞。患牛精神萎靡，鼻镜干燥龟裂，粪便如栗，腹痛，反刍停止。

防治措施：加强饲养管理，搭配喂青料，供足饮水，加强运动。药用硫酸钠 500g，对水 500mL，一次内服；用白糖或蜂蜜 250g，对水 500mL，一次内服。

10. 牛冬痢疾

主要症状：患牛食减神差，肠鸣腹泻，耳鼻根发凉。

防治措施：加强防寒保暖，供给易消化的饲料，饮温水。

11. 急性瘤胃胀气

因采食过多白菜叶、红薯藤而急剧发酵产气所致。

主要症状：患牛肷部膨大，叩诊如鼓音。

治疗措施：严重者瘤胃穿刺放气，用大蒜头 10 个捣烂，加醋 500mL，内服。

12. 感冒

主要症状：鼻流清涕或脓汁，体温升高不明显，属上呼吸道症状。

治疗措施：用氟苯尼考注射液、柴胡注射液混合肌内注射。

13. 肺炎

肉牛肺炎的发生与感染因子、环境、管理和动物自身都有关。圈养期间最易发生。主要以气候聚变性肺炎和异物性肺炎为主。

主要症状：咳嗽、气喘、发烧，精神沉郁，不食。

治疗措施：加强防寒保暖措施，加强运动，防止过劳，用药同上。

14. 中暑

多发生于"三伏"季节，由于受太阳光直射或空气不畅，造成体内热能过高。

治疗措施：及时发现，用西瓜 2 ~ 3 个灌服或用冷井水滴两肿间一次，避免用冷水洗全身。可使用排风扇，使空气流通。严重者先注射安钠咖 20mL，再根据情况而定。

第三章 肉羊生产

第一节 肉羊品种及杂交改良

一、肉羊品种

(一) 地方品种

我国羊种类较多,共有羊品种127个,产肉性能较好的品种有阿勒泰羊、小尾寒羊、湖羊、陕南山羊、马头山羊等。

1. 阿勒泰羊

阿勒泰羊主要产于新疆北部。特点是体格大,羔羊生长发育快,产肉脂能力强,适应终年放牧条件。成年公羊为93kg,母羊为68kg。剪毛量平均成年公羊为2kg,母羊为1.5kg。公羊具有大的螺旋形角,母羊中有2/3的个体有角。臀、腿部肌肉丰满。毛色主要为棕红色。

2. 小尾寒羊

小尾寒羊是中国独有的品种,主要分布于山东、河北、河南、江苏等省部分地区。它四肢较长,头颈长,体躯高,鼻梁隆起。有成熟早,早期生长发育快,体格高大,肉质好,四季发情,繁殖力强,遗传性稳定等特性。小尾寒羊羔皮具有良好的制裘性能,裘皮花案美观,在国内国际市场颇受欢迎。

3. 湖羊

湖羊是世界上唯一的多胎白色羔皮羊品种,主要分布于浙江、江苏太湖流域。湖羊头面狭长,鼻梁隆起,耳大下垂,公母羊均无角。一般为舍饲,每年春秋各剪毛一次。湖羊出生后3日龄内宰杀剥取羔皮,具有轻薄、洁白、花纹波浪起伏,如流水行云的特点,是制作翻毛女式大衣的上等原料,在国际市场上享有盛誉,被誉为"软宝石"。湖羊毛也是当地织绳与地毯工业的重要原料。

4. 陕南山羊

陕南山羊产于陕西南部地区。头大小适中,鼻梁平直。颈短而宽厚。胸部发达,背腰长而平直,腹围大而紧凑,四肢粗壮。被毛白色有光泽,分短毛和长毛两型。短毛型毛稀、早熟、易肥、长毛型性好斗。陕南山羊具有良好的产肉性能。成年公羊体重为33kg,母羊为27kg。屠宰率:6月龄为45.5%,1.5岁为50%,2.5岁为52%。繁殖力强,产羔率为259%。

5. 马头山羊

马头山羊是湖北省、湖南省肉皮兼用的地方优良品种之一。该种羊体型、体重、初生重等指标在国内地方品种中荣居前列，是国内山羊地方品种中生长速度较快、体型较大、肉用性能最好的品种之一。具有体型大，体质结实，繁殖力强，屠宰率和净肉率高，肉质细嫩，膻味小等特点。成年公羊体重 40～50kg，成年母羊体重为 35～40kg。屠宰率高，母羊出肉率为 49.3%，羯羊可达 53.3%。一般二年 3 胎，或一年 2 胎，每胎产 1～4 羔，平均胎羔 1.83 只。

（二）引进品种

自 20 世纪 80—90 年代，我国从英国、法国、德国、澳大利亚等国家引进的肉用或肉毛兼用品种，主要有夏洛莱羊、德国肉用美利奴羊、边区莱斯特羊、罗姆尼羊、萨福克羊、无角陶塞特羊和波尔山羊等。上述品种均具备肉羊品种的显著外貌特征，并具有良好的肉用性能，主要表现在以下几个方面。

1. 体重大

夏洛莱成年公羊体重为 110～140kg，母羊为 80～100kg；德国肉用美利奴分别为 100～140kg 和 70～80kg；无角陶塞特分别为 90～100kg 和 55～65kg；边区莱斯特分别为 90～100kg 和 60～70kg；罗姆尼分别为 100～120kg 和 60～80kg；波尔山羊成年公羊 95～120kg，母羊为 65～95kg。

2. 生长发育快，肥育性能好

夏洛莱羊 70 日龄体重公羔 26.5kg，母羔为 22.5kg，4 月龄体重公母羔分别为 35kg 和 33kg，在以放牧为主的条件下，5 月龄羔羊体重可达 45kg；德国肉用美利奴羊，130 日龄体重可达 38～45kg，羔羊日增重高达 300～350g，居名品种之首；无角陶塞特 6 月龄体重为 55kg，引进品种 8 月龄前的日增重均超过 250g 以上。

3. 产肉性能突出，胴体瘦肉多，脂肪少

夏洛莱 5 月龄羔羊胴体重 22～23kg，屠宰率在 55% 以上；肉用美利奴 4 月龄胴体重达 18～22kg，屠宰率为 47%～49%；边区莱斯特和萨福克羊母羔 4 月龄的胴体重分别为 22.4kg 和 19.7kg；罗姆尼成年公、母羊的胴体重分别为 70kg 和 40kg，4 月龄育肥羔羊胴体重分别为 22.4kg 和 20.6kg。波尔山羊 4 月龄羔羊胴体重 35～40kg，屠宰率在 55% 以上。

4. 繁殖性能好

引进的肉用或肉毛兼用品种均具有较高的繁殖率，其中，夏洛莱羊的产羔率为 185%，肉用美利奴羊为 150%～250%，边区莱斯特为 150%～200%，罗姆尼羊为 120%，萨福克羊为 130%～140%，无角陶塞特羊的多胎率为 72.8%；波尔山羊为 150%～250%。

二、杂交改良

由于我国专门化的肉羊生产起步较晚，到目前为止，尚没有我国自己的专门化肉羊品种。除极少部分地方品种繁殖性能突出外，绝大多数地方品种不适合肉羊生产的基本要求。因而必须走杂交改良之路，利用引进的优良肉用品种提高地方品种的肉用性能，在此基础上，逐步杂交育成我国自己的肉羊品系或品种。

1. 杂交改良的方式

（1）级进杂交。级进杂交是杂交改良中常用的杂交方式，能够从根本上改变一个品种的利用方向。用引进优良纯种与本地品种一代一代配下去，使杂交后代生产性能逐步接近引进品种。

由于我国某些地方品种的生活力、抗病力、适应性和繁殖力很强，因此，级进代数不应过高，一般以级进三代为宜。

（2）轮回杂交。采用两个或两个以上品种轮回杂交方式，不仅可对本地品种起到明显的改良作用，而且可使品种的优良性状得以综合利用。尽管多元轮回杂交所需品种数增加，实施过程相对复杂，但可使各代杂种始终保持较高的杂种优势率，从而避免级进改良退化，并可解决二代、三代级进杂种母羊的进一步利用问题。

2. 杂交改良所应注意的问题

（1）杂交后代的均匀性决定于可繁母羊的整齐度。用于繁殖的母羊尽可能来源于同一品种，并且在体形外貌和生产性能方面具有一定的相似程度。

（2）明确改良方向。根据自身羊群的现状特点及当地的自然经济条件，优先解决羊群所存在的最突出问题，选择不同的杂交方式，有针对性地进行改良品种。

（3）把握杂交代数和改良程度，防止改良尤其是级进杂交退化。在产肉、繁殖和胴体品质改良的同时，要尽可能保持和稳定原有品种所具有的优良特性，实现性状改良，质量提高。

（4）杂交改良要与相应饲养管理方式配套。根据改良后代的生理和生长发育特点，采取科学的饲养管理制度，使改良后代的遗传潜力得到充分发挥，实现杂交改良的经济效果。

（5）建立杂交改良繁殖和生产性能记录，随时监测改良进度和效果。无论是级进杂交还是轮回杂交，再次使用同一品种改良时，严格避免重复使用同一个公羊或与其具有血缘关系的公羊，以防止亲缘繁殖，近交衰退。

第二节　肉羊的繁殖

一、肉羊的性成熟和适宜的初配年龄

肉羊的性成熟和初配年龄

1. 公羊的性成熟和初配年龄

公羊一般在 6～10 月龄时性成熟，以 12～18 月龄开始配种为宜，此即为公羊的初配适龄。

2. 母羊的性成熟和初配年龄

母羊适宜的初配年龄应以体重为依据，即体重达到正常成年体重的 70% 以上时可以开始配种。母羊的适宜初配年龄一般为 6 个月龄以上。

因为初配年龄和肉羊的经济效益密切相关，即生产中要求越早越好，所以在掌握适宜的初配年龄情况下，不应该过分的推迟初配年龄，做到适时、按时配种。

二、肉羊发情生理与发情鉴定

（一）母羊的发情及特点

绵羊的发情周期平均 16 天（14 ~ 21 天），山羊平均天数 21 天（18 ~ 24 天）；绵羊的发情持续期为 30 小时左右（24 ~ 36 小时），山羊为 40 小时左右（24 ~ 48 小时）。营养水平低的发情周期较短，营养水平高的发情周期较长，肉用品种比毛用品种稍短。绵羊的发情期长短还与年龄有关，当年出生的母羊较短，老年的较长。公母羊经常在一起混合放牧可缩短母羊的发情周期。

（二）发情鉴定

发情鉴定便于即时掌握配种或人工授精的时间，减少误配漏配，增加受胎率与产羔率。肉羊的发情鉴定主要有 3 种方法。

1. 试情法

每天早晚各 1 次将试情公羊放入母羊群中。当发现试情公羊用鼻去嗅母羊、用蹄去挑逗母羊、爬跨到母羊背上，而母羊站立不动或主动接近公羊时，可以判断该母羊是发情母羊。当试情公羊放入母羊群后，要保持环境安静，可适当驱动母羊群，使母羊不要拥挤在一起。

2. 外部观察法

这是目前鉴定母羊发情的常用方法，主要从观察母羊外部表现和精神状态来判断。母羊在发情表现为兴奋不安，食欲减退，反刍停止，大声鸣叫，摇尾，外阴部及阴道充血、肿胀、松弛，并排出或流出少量黏液。

3. 阴道检查法

这是一种较为准确的发情鉴定方法。通过开腔器检查阴道黏膜、分泌物和子宫颈口的变化情况来判断发情情况。阴道检查时，先将母羊保定好，洗净外阴，再把开腔器清洗、消毒、涂上润滑剂。配种员左手横持开腔器，闭合前端，缓缓从阴户口插入，轻轻打开前端，用手电筒检查阴道内部变化。当发现阴道黏膜充血、红色、表面光亮湿润、有透明黏液渗出、子宫颈口充血、松弛、开张、有黏液流出时，即可定为发情。检查完毕，合拢开腔器，轻轻抽出。

三、肉羊的配种方法

肉羊的配种方法可大体分为自然配种和人工授精两类。

（一）自然配种

自然配种就是在羊的繁殖季节，将公、母羊混群，实行自然交配。通常采用大群配种，即将一定数量的羊群按公母 1∶（25 ~ 35）的比例混群放牧。这种方法节省人力，受胎率也高。

试情公羊的准备：试情公羊的数量一般为参加配种母羊数的 2% ~ 4%。

将试情公羊赶入待配母羊群中进行试情，凡愿意与公羊接近，并接受公羊爬跨的母羊即认为是发情羊。通过试情把发情的母羊挑出来放入配种室与选好的种公羊配种，并要做好母羊配种时间登记，以及配种公羊的登记。

试情的时间为每天早晚各1次，每次1.5小时左右。

（二）人工授精

羊的人工授精是指通过人为的方法，将公羊的精液输入母羊的生殖器内，使卵子受精以繁殖后代。与自然配种相比，人工授精具有以下优点：扩大优良公羊的利用率，提高母羊的受胎率，节省购买和饲养大量种公羊的费用，减少疾病的传染以及克服公母羊所处地域相距过远的困难等。

羊的人工授精是指通过人为的方法，将公羊的精液输入母羊的生殖器内，使卵子受精以繁殖后代。与自然配种相比，人工授精具有以下优点：扩大优良公羊的利用率，提高母羊的受胎率，节省购买和饲养大量种公羊的费用，减少疾病的传染以及克服公母羊所处地域相距过远的困难等。

在羊人工授精的实际工作中，由于母羊发情持续时间短，再者很难准确地掌握发情开始时间，所以，当天抓出的发情母羊就在当天配种1~2次（若每天配1次时在上午配，配两次时上、下午各配一次），如果第二天继续发情，则可再配。将待配母羊牵到输精室内的输精架上固定好，或将羊只的后腿横跨在一定高度的横杠上进行输精、或者将羊只的后腿由人提起固定，并将其外阴部消毒干净，输精员右手持输器，左右持开膣器，先将开膣器慢慢插入阴道，再将开膣器轻轻打开，寻找子宫颈。如果在打开开膣器后，发现母羊阴道内黏液过多或有排尿表现，应让母羊先排尿或设法使母羊阴道内的黏液排净，然后将开膣器再插入阴道，细心寻找子宫颈。子宫颈附近黏膜颜色较深，当阴道打开后，向颜色较深的方向寻找子宫颈口可以顺利找到，找到子宫颈后，将输精器前端插入子宫颈口内0.5~1.0cm深处，用拇指轻压活塞，注入原精液0.05~0.1mL或稀释液0.1~0.2mL。如果遇到初配母羊阴道狭窄，开膣器插不进或打不开，无法寻见子宫颈时，只好进行阴道输精，但每次至少输入原精液0.2~0.3mL。

在输精过程中，如果发现母羊阴道有炎症，而又要使用同一输精器精液进行连续输精时，在对有炎症的母羊输完精之后，用75%的酒精棉球擦拭输精器进行消毒，以防母羊相互传染疾病。擦拭输精器时，棉球上的酒精不宜太多，要从后部向尖端方向擦拭，不能倒擦。擦拭后，用0.9%的生理盐水棉球重新再擦拭一遍，然后对下一只母羊进行输精。

四、母羊妊娠期及预产期推算

妊娠期平均为150天，其中，绵羊为146~155天，在配种时间选择上避免冬季元月产羔。

母羊预产期的推算方法是：配种月份加5，配种日期减2或减4，如果妊娠期通过2月份，预产日期应减2，其他月份减4。例如，一只母羊在2014年11月3日配种，该羊的产羔日期为2015年4月1日。

第三节 肉羊的饲养管理

一、种公羊的饲养管理

种公羊的饲养管理要求比较精细，维持中上等膘情，力求常年保持健壮繁殖体况。配种季节前后应保持较好膘情，使其配种能力强，精液品质好，提高利用率。种公羊的饲料要求营养含量高，有足量优质的蛋白质、维生素A、维生素D以及无机盐等。并且容易消化、适口性好，营养齐全。种公羊的日粮应根据非配种期和配种期的不同饲养标准来配合，再结合种公羊的个体差异作适当调整。

（一）非配种期种公羊的饲养

非配种季节要保证热能、蛋白质、维生素和矿物质等的充分供给。一般来说，在早春和冬季没有配种任务时，体重80～90kg的种公羊，每天需1.5kg左右的饲料单位，150g左右的可消化蛋白质。配种期每日补喂混合精料0.5kg，干草3kg，胡萝卜0.5kg，食盐5～10g，骨粉5g。

（二）配种期种公羊的饲养

配种期每生产1mL的精液，需可消化粗蛋白质50g。此外，激素和各种腺体的分泌物以及生殖器官的组成也离不开蛋白质，同时维生素A和维生素E与精子的活力和精液品质有关。只有保证种公羊充足的营养供应，才能使其性欲旺盛，精子密度大、活力强，母羊受胎率高。一般应从配种预备期（配种前1～1.5个月）开始增加精料给量，一般为配种期饲养标准的60%～70%，然后逐渐增加到配种期的标准。同时在配种预备期采精10～15次，检验精液品质，以确定其利用强度。种公羊饲养标准，见表3-1。

表3-1 种公羊的饲养标准

饲养期	体重 (kg)	风干饲料 (kg)	消化能 (MJ)	可消化粗蛋白 (g)	钙 (g)	磷 (g)	食盐 (g)	胡萝卜素 (mg)
非配种期	70	1.8～2.1	16.7～20.5	110～140	5～6	2.5～3	10～15	15～20
	80	1.9～2.2	18～21.8	120～150	6～7	3～4	10～15	15～20
	90	2.0～2.4	19.2～23	130～160	7～8	4～5	10～15	15～20
	100	2.1～2.5	20.5～25.1	140～170	8～9	5～6	10～15	15～20
配种期（1）	70	2.2～2.6	23.0～27.2	190～240	9～10	7.0～7.5	15～20	20～30
	80	2.3～2.7	24.3～29.3	200～250	9～11	7.5～8.0	15～20	20～30
	90	2.4～2.8	25.9～31.0	210～260	10～12	8.0～9.0	15～20	20～30
	100	2.5～3.0	26.8～31.8	220～270	11～13	8.5～9.5	15～20	20～30
配种期（2）	70	2.4～2.8	25.9～31	260～370	13～14	9～10	15～20	30～40
	80	2.6～3.0	28.5～33.5	280～380	14～15	10～11	15～20	30～40
	90	2.7～3.1	29.7～34.7	290～390	15～16	11～12	15～20	30～40
	100	2.8～3.2	31～36	310～400	16～17	12～13	15～20	30～40

注：配种期（1）为配种2～3次；（2）为配种3～4次

在配种期内，体重80~90kg的种公羊，每天需要2kg以上的饲料单位，250g以上的可消化蛋白质，并且根据日采精次数的多少，相应地调整常规饲料及其所需饲料（如牛奶、鸡蛋等）的定额。一般可按混合精料1.2~1.4kg、青干草2kg、胡萝卜0.5~1.5kg、食盐15~20g、骨粉5~10g的标准喂给。

（三）配种期种公羊的管理

种公羊配种前1~1.5个月开始采精，同时检查精液品质。开始时一周采精一次，以后增加到一周2次，然后2天1次，到配种时每天可采1~2次。对小于18月龄的种公羊一天内采精不得超过2次，且不要连续采精；两岁半以上的种公羊每天采精3~4次，最多5~6次。采精次数多时，每次间隔需在2小时左右，使种公羊有休息时间。公羊采精前不宜吃得过饱。对精液密度较低的种公羊，日粮中可加一些动物性蛋白质，如鱼粉、发酵血粉等，同时要加强运动，特别是对精子活力较差的种公羊加强运动。

二、母羊的饲养管理

母羊的饲养管理包括空怀期、妊娠期和哺乳期3个阶段。

（一）空怀期的饲养管理

空怀期是指羔羊断奶到配种受胎时期。此期的营养好坏直接影响配种、妊娠状况。为此，应在配种前1个月按饲养标准配制日粮进行短期优饲，优饲日粮应逐渐减少，如果受精卵着床期间营养水平骤然下降，会导致胚胎死亡。现将空怀母羊饲养标准列表，见表3-2。

表3-2　空怀母羊的饲养标准

月龄	体重（kg）	风干料（kg）	消化能（MJ）	可消化粗蛋白（g）	钙（g）	磷（g）	食盐（g）	胡萝卜素（mg）
4~6	25~30	1.2	10.9~13.4	70~90	3.0~4.0	2.0~3.0	5~8	5~8
6~8	30~36	1.3	12.6~14.6	72~95	4.0~5.2	2.8~3.2	6~9	6~8
8~10	36~42	1.4	14.6~16.7	73~95	5.2~6.0	3.0~3.5	7~10	6~8
10~12	37~45	1.5	14.6~17.2	75~100	5.5~6.5	3.2~3.6	8~11	7~9
12~18	42~50	1.6	14.6~17.2	75~95		3.2~3.6	8~11	7~9

（二）妊娠期的饲养管理

母羊的妊娠期平均为150天，分为妊娠前期和妊娠后期。

1. 妊娠前期的饲养管理

妊娠前期是指受胎后前3个月，胎儿绝对生长速度较慢，所需营养少，但要避免吃霉烂饲料，不要让羊猛跑，不饮冰碴水，以防早期隐性流产。妊娠母羊的饲养标准，见表3-3。

表 3 – 3　妊娠母羊的饲养标准

妊娠期	体重（kg）	风干饲料（kg）	消化能（MJ）	可消化粗蛋白质（g）	钙（g）	磷（g）	食盐（g）	胡萝卜素（mg）
前期	40	1.6	12.6~15.9	70~80	3.0~4.0	2.0~2.5	8~10	8~10
	50	1.8	14.2~17.6	75~90	3.2~4.5	2.5~3.0	8~10	8~10
	60	2.0	15.9~18.4	80~85	4.0~5.0	3.0~4.0	8~10	8~10
	70	2.2	16.7~19.2	85~100	4.5~5.5	38~4.5	8~10	8~10
后期	40	1.8	15.1~18.8	80~110	6.0~7.0	3.5~4.0	8~10	10~12
	50	2.0	18.4~21.3	90~120	7.0~8.0	4.0~4.5	8~10	10~12
	60	2.2	20.1~21.8	95~130	8.0~9.0	4.0~5.0	9~12	10~12
	70	2.4	21.8~23.4	100~140	8.5~9.5	4.5~5.5	9~12	10~12

2. 妊娠后期的饲养管理

妊娠后期是指妊娠的最后两个月，此期胎儿生长迅速，90%的初生重在此期完成。此期的营养水平至关重要，它关系到胎儿发育，羔羊初生重，母羊产后泌乳力，羔羊出生后生长发育速度及母羊下一繁殖周期。因此在该期热代谢水平比空怀高17%~25%，蛋白质的需要量也增加。妊娠后期母羊每日可沉积20g蛋白质，加上维持所需，每天必须由饲料中供给可消化粗蛋白质40g。整个妊娠期蛋白质的蓄积量为1.8~2.3kg，其中，80%是在妊娠后期蓄积的。妊娠后期每日沉积钙、磷量为3.8g和1.5g。因此，妊娠后期的饲养标准应比前期每天增加饲料单位30%~40%，增加可消化蛋白质40%~60%，增加钙、磷1~2倍。此期母羊如果养得过肥，也易出现食欲缺乏，反而使胎儿营养不良。

（三）哺乳期的饲养管理

母羊的哺乳期为3~4个月，一般将哺乳期划分为哺乳前期和哺乳后期。

1. 哺乳前期的饲养管理

哺乳前期是指羔羊生后前两个月，其营养来源主要靠母乳。测定表明，羔羊每增重1kg需耗母乳5~6kg。因此，应加强补饲，精料量应比妊娠后期稍有增加，粗饲料以优质干草、青贮饲料和多汁饲料为主。管理上要保证饮水充足，圈舍干燥、清洁，冬季要有保暖措施。另外，在产前10天左右可多喂一些多汁料和精料，以促进乳腺分泌，产后3~5天内不应补饲精料，以防消化不良或发生乳房炎。哺乳期母羊饲养标准，见表3–4。

表 3 – 4　羔羊日增重300~350g哺乳母羊饲养标准

	体重（kg）	风干饲料（kg）	消化能（MJ）	可消化粗蛋白质	钙（g）	磷（g）	食盐（g）	胡萝卜素（mg）
单羔	40	2.0	18.0~23.4	100~150	7.0~8.0	4.0~5.0	10~12	6~8
	50	2.2	19.2~24.7	170~190	7.5~8.5	4.5~5.5	12~14	6~8
	60	2.4	23.4~25.9	180~200	8.0~9.0	4.6~5.6	13~15	8~12
	70	2.6	24.3~27.2	180~200	8.5~9.5	4.8~5.8	13~15	9~15

（续表）

体重 （kg）	风干饲料 （kg）	消化能 （MJ）	可消化粗 蛋白质 （g）	钙 （g）	磷 （g）	食盐 （g）	胡萝卜素 （mg）
40	2.8	21.8~28.5	150~200	8.0~10.0	5.5~6.0	13~15	8~10
50	3.0	23.4~29.7	180~220	9.0~11.0	6.0~6.5	14~16	9~12
60	3.0	24.7~31.0	190~230	9.5~11.5	6.0~7.0	15~17	10~13
70	3.2	25.9~33.5	200~240	10.0~12.0	6.2~7.5	15~17	12~15

（双羔栏位于左侧，对应全部四行）

2. 哺乳后期的饲养管理

哺乳后期是指产后 1~2 个月，由于母羊泌乳量一般在产后 30~40 天达到最高峰，50~60 天后开始下降，同时，羔羊采食能力增强，对母乳的依赖性降低。因此，此期应逐渐减少母羊的日粮给量，对母羊只补些干草即可，但对膘情较差的母羊，可酌情补饲精料。

三、羔羊的饲养管理

羔羊生长发育快，可塑性大，合理地进行羔羊的培育，可促使其充分发挥先天的性能，又能加强对外界条件的适应能力，有利于个体发育，提高生产力。研究表明，精心培育的羔羊，体重可提高 29%~87%，经济收入可增加 50%。初生羔羊体质较弱，抵抗力差，易发病，搞好羔羊的护理工作是提高羔羊成活率的关键，饲养管理要点如下。

1. 早吃、吃好初乳

羔羊在初生后半小时内应该保证吃到初乳，对吃不到初乳的羔羊，最好能让其吃到其他母羊的初乳，羔羊出生 36 小时后就不再吸收完整的抗体蛋白大分子，所以，吃早吃好初乳是促进羔羊体质健壮、减少发病的重要措施。对不会吃乳的羔羊要进行人工辅助。

2. 提早补饲

羔羊生后 7~10 天就应开始补羊代乳粉，从 15~20 日龄开始补精料，混合精料炒后粉碎放入食槽，或与切碎的青干草、胡萝卜等混合搅拌喂给，同时可混入少量食盐和磷酸氢钙，以刺激羔羊食欲并防止异食癖。正式补饲时，应先喂粗料，后喂精料，定时定量，喂完后把食槽扫净。

补喂关键是做好"四定"，即：定人、定时、定温、定量，同时，要注意卫生条件。

（1）定人。就是自始至终固定专人喂养，使饲养员熟悉羔羊生活习性，掌握吃饱程度、食欲情况及健康与否。

（2）定温。是要掌握好人工乳的温度，一般冬季喂一个月龄内的羔羊，应把奶凉到 35~41℃，夏季还可再低些。随着日龄的增长，奶温可以降低。一般可用奶瓶贴到脸上，不烫不凉即可。温度过高，不仅伤害羔羊，而且羔羊容易发生便秘；温度过低，往往容易发生消化不良，下痢、鼓胀等。

（3）定量。是指限定每次的喂量掌握在七成饱的程度，切忌过饱。具体给量可按羔羊体重或体格大小来定。一般全天给奶量相当于初生重的 1/5 为宜。喂给粥或汤时，应根据浓度进行定量。全天喂量应低于喂奶量标准。最初 2~3 天，先少给，待羔羊适应后再加量。

（4）定时。是指每天固定时间对羔羊进行饲喂，轻易不变动。初生羔每天喂 6 次，每隔 3~5 小时喂一次，夜间可延长时间或减少次数。10 天以后每天喂 4~5 次，到羔羊吃料时，可减少到 3~4 次。

3. 保持适宜的舍温

保温防寒是初生羔羊护理的重要方面，羊舍温度应保持在 5℃ 以上；室温是否适宜，可以从母仔表现判断，若室温不合适，应及时采取调温措施。

4. 搞好圈舍卫生

圈舍应保持宽敞、清洁、干燥；冬季要勤换褥草，夏季要通风换气；对羊舍及周围环境要定期严格消毒；对病羔实行隔离，对死羔及其污染物要及时处理。

5. 合理运动

羔羊生后 5~7 天，选择无风、温暖的晴天，把羔羊赶到运动场进行运动和日光浴，随着羔羊日龄的增加，应逐渐延长在运动场的时间；在运动场上应放一些淡盐水让其自由饮用。

6. 断尾

尾部长的羊为避免粪便污染羊毛及防止夏季苍蝇在母羊外阴部下蛆而感染疾病和便于母羊配种，必须断尾。断尾应在羔羊出生后 10 天内进行，此时，尾巴较细不易出血，断尾可选在无风的晴天实施。常用方法为结扎法，即用弹性较好的橡皮筋套在尾巴的第三、第四尾椎之间，紧紧勒住，断绝血液流通。大约过 10 天尾即自行脱落。

7. 去势

对不做种用的公羊都应去势，以防止乱交乱配。去势后的公羊性情温顺，管理方便，节省饲料，容易育肥。所产羊肉无膻味且较细嫩。去势一般与断尾同时进行，时间一般为 10 天左右，选择无风、晴暖的早晨。去势时间过早或过晚均不好，过早睾丸小，去势困难；过晚流血过多，或可发生早配现象，去势方法主要有以下几种。

（1）结扎法。当公羊 1 周龄时，将睾丸挤在阴囊里，用橡皮筋或细线紧紧地结扎于阴囊的上部，断绝血液流通。经过 15 天左右，阴囊和睾丸干枯，便会自然脱落。去势后最初几天，对伤口要常检查，如遇红肿发炎现象，要及时处理。同时，要注意去势羔羊环境卫生，垫草要勤换，保持清洁干燥，防止伤口感染。

（2）去势钳法。用特制的去势钳，在阴囊上部用力紧夹，将精索夹断，睾丸则会逐渐萎缩。此法无创口、无失血、无感染的危险。但经验不足者，往往不能把精索夹断，达不到去势的目的，经验不足者忌用。

8. 及时分群

羔羊出生后对母、仔羊进行编群。一般可按出生天数来分群，生后 3~7 日内母仔在一起单独管理，可将 5~10 只母羊合为一小群；7 天以后，可将产羔母羊 10 只合为一群；20 天以后，应把公母羊分开饲养，不做种用的公羔应及早去势育肥；若羊群过大时，也应把强弱羔羊分开饲养。分群原则是：羔羊日龄越小，羊群就要越小，日龄越大，组群就越大，同时还要考虑到羊舍大小，羔羊强弱等因素。在编群时，应将发育相似的羔羊编群在一起。

四、育成羊的饲养管理

育成羊是指由断奶至初配的公母羊。也即 4~18 月龄期间的公母羊。育成羊在每一个越冬期间正是生长发育的旺盛时间，在良好饲养条件下，会有很高的增重能力。育成羊的饲养标准，见表 3-5。

表 3-5　育成羊的饲养标准

月龄	体重（kg）	风干饲料（kg）	消化能（MJ）	可消化粗白质（g）	钙（g）	磷（g）	食盐（g）	胡萝卜素（mg）
4~6	30~40	1.4	14.6~16.7	90~100	4.0~5.0	2.5~3.8	6~12	5~10
6~8	37~42	1.6	16.7~18.8	95~115	5.0~6.3	3.0~4.0	6~12	5~10
8~10	42~48	1.8	16.7~20.9	100~125	5.5~6.5	3.5~4.3	6~12	5~10
10~12	46~53	2	20.1~23	110~135	6.0~7.0	4.0~4.5	6~12	5~10
12~18	53~70	2.2	20.1~23.4	120~140	6.5~7.2	4.5~5.0	6~12	5~10

公母羊对饲养条件的要求和反应不同，公羊生长发育较快，同化作用强，营养需要较多，对丰富饲养具有良好的反应，如营养不良则发育不如母羊。对严格选择的后备公羊更应提高饲养水平，保证其充分生长发育。各类羊日粮参考配方，见表 3-6。

表 3-6　各类羊日粮参考配方

	种公羊		成年母羊			育成母羊	5~6月龄羔羊
	非配种	配种期	空怀期	妊娠期	哺乳期		
玉米（%）	28	35	20	35	40	30	30
豆粕（%）	22	25	18	20	25	15	20
棉粕（%）	6						
苜蓿（%）	10	15	20	20	10	15	15
青贮玉米（%）							10
玉米秸草粉（%）	30	20	40	20	20	35	20
骨粉（%）	4	5	2	5	5	5	5

注：微量元素、多维按说明添加，食盐按饲养标准量加入

第四节　肉羊的育肥技术

羊的育肥是为了在短时间内，用低廉的成本，获得品质好、数量多的羊肉。

一、育肥前对羊的处理

（1）对羊进行健康检查，无病者方可进行育肥。

（2）把羊按年龄、性别和品种进行分类组群。

（3）对羊进行驱虫、药浴、防疫注射和修蹄。

（4）对 8 月龄以上的公羊进行去势，使羊肉不产生膻味和有利于育肥。但是，对 8 月龄以下的公羊不必去势，因为不去势公羊比阉羔出栏体重高 2.3kg 左右，且出栏日龄少 15 天左右，羊肉的味道也没有差别。

（5）羊进行称重，以便与育肥结束时的称重进行比较，检验育肥的效果和效益。

（6）被毛较长的羔羊在屠宰前 2 个月，如能剪一次羊毛，不仅不会影响宰后皮张的品质和售价，还能多得 2kg 左右的羊毛，增加收益，而且也更有利于育肥。

二、育肥方式

1. 放牧育肥

这是最经济的育肥方法，也是我国牧区和农牧区传统的育肥方法。育肥时期在青草期，即 5 ~ 10 月，此时牧草丰茂、结实，羊吃了上膘快。该法优点是成本低和效益相对较高，但要求必须有较好的草场；缺点是羊肉味不如其他育肥方式好，且常常要受到自然因素变化的干扰。放牧育肥一定要保证每羊每天采食的青草量，羔羊达到 4kg 以上，大羊达到 7kg 以上。

2. 舍饲育肥

是根据羊育肥前的状态，按照饲养标准和饲料营养价值配制羊的饲喂日粮，并完全在羊舍内喂、饮的一种育肥方式。此法，虽然饲料的投入相对较高，但可按照市场的需要实行大规模、集约化、工厂化的养羊。房舍、设备和劳动力利用合理，劳动生产率较高，从而也能降低一定成本。而且，羊的增重、出栏活重和屠宰后胴体重均比放牧育肥和混合育肥高 10% ~ 20%。另外，育肥羊在 30 ~ 60 天的育肥期内就可以达到上市标准，育肥期比其他方式短。

舍饲育肥的日粮，以混合精料的含量占 50%、粗饲料的含量占 50% 的配比比较合适。日粮可利用草架和料槽分别饲喂，最好能将草料配合在一起，加工成颗粒料，用饲槽一起喂给。

3. 混合育肥

这种育肥方式大体有两种形式：其一是在秋末草枯后对一些未抓好膘的羊，特别是还有很大肥育潜力的当年羔羊，再延长一段育肥时间。即舍内补饲一些精料，经 30 ~ 40 天后屠宰，这样可进一步提高胴体重、产肉量及肉的品质。其二是草场质量较差，单靠放牧不能满足快速育肥的营养需求，故对羊群采取放牧加补饲的混合育肥方法，这样能缩短羊肉生产周期，增加肉羊出栏量、出肉量。

第一种混合育肥法耗用时间较长，不符合现代肉羊短期快速育肥的要求，提倡采用第二种混合育肥法。放牧加补饲的育肥羊群由同一牧工管理，每天放牧 7 ~ 9 小时，同时分早、晚 2 次补饲草料。

混合育肥可使育肥羊在整个育肥期内的增重，比单纯依靠放牧育肥提高 50% 左右，同时，屠宰后羊肉的味道也好。因此，只要有一定条件，还是采用混合育肥的办法来育肥羊。

三、羔羊育肥

近年来，我国推行羔羊当年肥育、当年屠宰，这是增加羊肉产量、提高养羊业经济效益的重要措施。

1. 肥羔生产的优点

（1）羔羊肉具有鲜嫩、多汁、精肉多、脂肪少、味美、易消化及膻味轻等优点，深受欢迎，国际市场需求量很大。

（2）羊生长快，饲料报酬高，成本低，收益高。

（3）在国际市场上羔羊肉的价格高，一般比成年羊肉高30%~50%。

（4）羔羊当年屠宰，加快了羊群周转，缩短了生产周期，提高了出栏率和出肉率。

（5）羔羊当年屠宰减轻了越冬度春的人力和物力的消耗，避免了冬季掉膘、甚至死亡的损失。

（6）改变了羊群结构，增加了母羊的比例，有利于扩大再生产，可获得更高的经济效益。

（7）6~9月龄羔羊所产的毛、皮价格高，所以在生产肥羔的同时，又可生产优质毛皮。

2. 育肥期及育肥强度的确定

在正常条件下，早熟肉用和肉毛兼用羔羊，在周岁内，平均日增重以2~3月龄最高，可达300~400g；1月龄次之；4月龄急剧下降；5月龄以后稳定地维持在130~150g。对于这样的羔羊，从达到2~4月龄的时候开始，如果能采取一定措施进行强度育肥，那么在50天左右的育肥期内，平均日增重定可达到其原有的水平，甚至还高。可见，2~4月龄的羔羊，凡平均日增重达200g以上者，均可转入育肥，采用放牧加补饲或全舍饲的方式，进行50天左右的强度育肥，均可使羔羊达到预期上市标准。但是，平均日增重低于180g的就不适于这样做了，必须等羔羊体重长到20kg以上，才能转为育肥。在羔羊体重达不到一定程度时，过早进行强度育肥，常会造成羔羊的肥度达标，但体重还相差很远。

3. 肥羔生产的技术措施

随着科技的发展，养羊业已转向大规模、工艺先进的工厂化、专业化生产。在肥羔生产中采用了以下一些技术措施。

（1）开展经济杂交。是增加羔羊肉产量的一种有效措施。既能提高羔羊的初生重、断奶重、出栏重、成活率、抗病力、生长速度、饲料报酬，又能提高成年羊的繁殖力与产毛量等生产性能。在经济杂交中，利用3个或4个品种轮回杂交，或至少用3~4个父本品种进行连续杂交，可以获得最大的杂种优势。

（2）早期断奶。实质上是控制哺乳期，缩短母羊产羔间隔和控制母羊繁殖周期，达到1年2胎或2年3胎、多胎多产的一项重要技术措施，是工厂化生产的重要环节。一般可采用两种方法：其一，出生后1周断奶，然后用代乳品进行人工育羔。其二，出生后7周左右断奶，断奶后可全部饲喂植物性饲料或放牧。早期断奶必须让羔羊吃到初乳后再断奶，否则会影响羔羊的健康和生长发育。

（3）培育或引进早熟、高产肉用羊新品种。早熟、多胎、多产是肥羔生产集约化、专业化、工厂化的一个重要条件。

（4）同期发情。同期发情是现代羔羊生产中一项重要的繁殖技术。利用激素使母羊同时发情，可使配种、产羔时间集中，有利于羊群抓膘、管理，还有利于发挥人工授精的优点，扩大优秀种公羊的利用。

（5）早期配种。传统配种时间是母羊1~1.5岁。只要草料充足，营养全价，母羊可在6~8月龄时早期配种。可使母羊初配年龄提前数月或1年，从而延长了母羊的使用年限，缩短了世代间隔，提高了终身繁殖力。研究证明，早期配种不但不会影响自身的发育，而且妊娠后所产生的孕酮还有助于母体自身的生长发育。

（6）诱发分娩。在母羊妊娠末期，一般到144日龄后，用激素诱发提前分娩，使产羔时间集中，有利于大规模批量生产与周转，方便管理。

四、大羊育肥

大多数投入育肥的大羊，一般都是从繁殖群清理出来的淘汰羊，常常在6~7月，等剪完毛后才能投入育肥。主要是为了在短期内增加膘度，使其迅速达到上市标准。所以除放牧外，都用大喂量和高能量的精料补饲的混合育肥方式，经45天左右育肥出栏。补饲混合精料的配方为：玉米50%，麸皮27%，豆饼20%，食盐1.5%，矿物质添加剂1.5%。每只羊每天的喂量为0.5~1.0kg。

大羊育肥，有时也会遇到枯草期或无法放牧的情况，应当采取全舍饲和高强度的方法进行育肥。

五、添加剂的利用及使用效果

1. 脲酶抑制剂

脲酶抑制剂是近年研制出的反刍动物饲料添加剂，它可以控制瘤胃中的脲酶的活性，减慢瘤胃内尿素的分解速度，提高反刍动物对氮的利用率，避免氨中毒，为非蛋白氮利用开辟了新的途径。据试验，每只羊每天添加脲酶抑制剂50g、尿素30g，连续饲喂92天，饲喂组比同期对照组平均每只羔羊多增重2.31kg。

2. 尿素

尿素是最常规的非蛋白氮源，含氮量一般在46%左右，1g尿素相当于2.88g蛋白质的含氮量。据试验用尿素喂东北细毛羊，每只羊的基础日粮中添加12g尿素，结果每只羊增重比不喂尿素羊提高44.76%，净毛率也提高3.48%。按干物质的2.5%添加尿素喂舍饲育肥羊，日喂量最高时每天每只30g，增重提高9.3%。

3. 脂肪酸钙

脂肪酸钙是近年新研制的一种能量饲料添加剂，在国外已广泛用于畜牧业生产。脂肪酸钙是由脂肪酸与钙结合形成的有机化合物，又称保护油脂。它可以直接通过瘤胃到真胃和小肠后水解并吸收，避免瘤胃微生物对其生化影响。脂肪酸钙能提高饲料中的能量水平，减少饲料中精料比例，降低饲养成本。据试验，在日粮相同条件下，每日每只添加脂肪酸钙30g，试验组比对照组平均增加体重2.85kg，提高3.9%。经屠宰测定，屠宰率、净肉率分别提高 4 个百分点和 3.9 个百分点，胴体脂肪厚度（GR）值增加 3.9mm。添加 10g 和 20g 的试验组与对照组差异不显著。

4. 磷酸脲

磷酸脲商品名为"牛羊乐"，是一种新型非蛋白氮饲料添加剂。该添加剂含氮量为 17.7%，可为反刍动物补充氮磷。它在瘤胃内水解速度显著低于尿素，有利于反刍动物对氮、磷、钙的吸收利用。体重为 14.5kg 的育肥羊，每日每只添加 10g 磷酸脲，日增重可提高 26.7%。

5. 莫能菌素

莫能菌素又称瘤胃素，莫能菌素钠，有控制和提高瘤胃发酵效率的作用，从而提高增重速度及饲料转化率。用莫能菌素喂舍饲育肥羊，每千克日粮添加 25～30mg，日增重可提高 35%，饲料转化率提高 27%。添加时一定要搅拌均匀，初喂少给，逐渐增加。

6. 喹乙醇

喹乙醇又名快育灵。为合成抗菌剂。喹乙醇有促进蛋白质同化、增加氮沉积的作用，从而加快育肥速度。另外，它能抑制肠道有害菌，保护菌群。增加机体对饲料的消化吸收能力来促进生长。一般每千克日粮干物质添加喹乙醇 50～80mg，可提高增重 10%～20%。

六、提高繁殖力的技术措施

（一）加强选育及选配

1. 种公羊的选择

种公羊要选择体形外貌健壮，睾丸发育良好，雄性特征明显，尽量选择产双羔或多羔的母羊后代作种。应经常检查精液品质，及时发现并剔除不符合要求的公羊。

2. 母羊的选择

母羊的繁殖力随年龄的增加而增长，并且能够遗传影响下一代。选择母羊应从多胎的母羊后代中选择优秀个体，注意母羊的泌乳、哺乳性能。提高适龄母羊在羊群中的比例，及早淘汰不孕母羊，保证羊群的正常繁殖生理机能。

3. 选配

正确选配是提高繁殖力的重要技术措施。选用双羔公羊配双羔母羊，所产的多胎公母羔羊经过选择培育作种用。

（二）培育早熟多胎肉用品种

利用我国引入的多胎肉用品种，与当地的多胎品种杂交，培育出母羊性成熟早，全年发情，产羔率高、泌乳性能强，母性好，育羔率强、抗病力强；公羊生长速度快，饲料利用率高，适应性强，胴体品质好；而且公母羊遗传性能稳定的早熟多胎肉用品种。

（三）充分利用杂交优势

引进多胎品种，用多胎品种与当地品种杂交，是提高繁殖力最快、最有效、最简便的方法。用引入的优秀肉用多胎品种种公羊，与国内的优良品种小尾寒羊、湖羊、中国美利奴、东北细毛羊等进行杂交，提高当地羊的繁殖力。

（四）开发应用繁殖调控技术

1. 诱发发情

是在母羊乏情期内，借用外源激素引起正常发情并进行配种，缩短母羊的繁殖周期，提高繁殖力。其方法有羔羊早期断奶、激素处理及生物学处理等。

2. 羔羊早期断奶

实质是缩短母羊的哺乳期，使母羊提早发情，但早期断奶要求羔羊的培育条件较高，必须解决人工乳及人工育羔等方面的技术问题。

3. 激素和生物学处理

激素处理可消除季节性休情，使母羊全年发情配种。具体方法是：先实行羔羊早期断奶，再用孕激素处理母羊 10 天左右，停药后注射孕马血清促性腺激素（PMSG），即可引起发情、排卵；生物学处理包括环境条件的改变及性激素。环境条件的改变主要调节光照周期，使白昼缩短，达到发情排卵的目的。性激素是在正常配种季节之前，把公母羊混群，使配种季节提前，缩短产后至排卵配种的时间，以达到提高母羊繁殖力的目的。

4. 同期发情

是用外源激素或其他类药物对母羊进行处理，暂时改变其自然发情周期的规律，人为地把发情周期的进程控制并调整到相同阶段，以合理组织配种，使产羔，育肥等过程一致，来加快肉羊生产，提高繁殖力。一是延长母羊发情周期，为以后引起同期发情准备条件。用孕激素处理母羊，抑制卵泡的生长发育，经过一定时间同时停药，随之引起同期发情。二是缩短发情周期，促使母羊提早发情。利用与上述性质完全不同的激素，抑制黄体，加速消退，降低孕酮水平，促进垂体促性腺激素的释放，引起发情。

方法一：将浸有孕激素的海绵置于子宫颈外口处，处理 10～14 天后取出，当天肌内注射孕马血清促性腺激素 400～500 国际单位，一般 30 小时左右即有发情表现，发情当天和次日各输精一次或与公羊自然交配。常用孕激素的种类和剂量为：孕酮 150～300mg，甲孕酮 50～70mg，甲地孕酮 80～150mg，18 甲基－炔诺酮 30～40mg，氟孕酮 20～40mg。

方法二：每日将一定数量的药物均匀拌入饲料，连喂 12～14 天。药物用量约为阴道海绵法的 1/10～1/5，最后一次口服药的当天，肌注孕马血清促性腺激素 400～750 国际单位。

方法三：将前列腺素 $FG_{2\alpha}$ 或其类似物，在发情结束数日后，向子宫内灌注或肌注一定量，能在 2～3 天内引起母羊发情。以上处理适合大群饲养。

5. 超数排卵

超数排卵可扩大优秀种羊的利用率，提高群体的生产力。方法是在母羊发情周期的适当时间，注射促性腺激素，使卵巢比正常情况下有较多卵泡发育成熟并排卵，经过处理的母羊可 1 次排卵几个甚至十几个。

6. 控制光照及温度

由于光照的缩短和温度的降低可促进性腺活动，人们就利用控制光照的方法来改变母羊的季节性活动。美国科学家深德泊格在春季将公羊隔离后，限制光照 10 周以上，然后再把公羊放入母羊群中，结果比对照组公羊所配的母羊多产羔羊 2.5 倍。又有饲养证明，母羊在赤道光照条件下饲养一年，可使季节性发情母羊的季节性活动消失，发情时间分散，一年中任何一个月份都可以发情配种。在夏季将光照和温度控制在与 10 月相似的条件下，能显著提高母羊的繁殖率。

7. 促使母羊产双胎、多胎

常用的促进母羊多胎的技术措施主要有以下几种方式。

（1）补饲法。在配种前 1 个月改进日粮，特别提高蛋白质水平，催情补饲，提高母羊发情率，增加排卵数，诱使母羊产双胎甚至多胎。

（2）双羔素。目前国内生产的双羔素主要有 TIT；XJC - A；南双；沪双 3 和沪双 17 等。其中 TIT 可提高产羔率 8% ~ 65.71%，使用效果的差异，除品种，饲养管理外，主要是使用技术问题。正确的使用方法是：免疫双羔素在使用时需免疫两次，第一次配种前 42 天左右，第二次配种前 21 天左右。并一定按说明严格掌握使用剂量。注射部位应选择后海穴，注射时刺入角度应与直肠平行略向上方，深度 0.5 ~ 1 cm。免疫后母羊会出现短期的食欲减退，采食下降等症状，3 ~ 5 天即可恢复正常。

（3）孕马血清促性腺激素。在发情周期第 12 天或第 13 天，皮下注射孕马血清激素 600 ~ 1 100 国际单位。由于不同品种间对激素的敏感反应差异较大，实际使用时，应针对使用对象进行小群预试，然后确定剂量。本法配合使用抗孕马血清促性腺激素，效果更好。

第五节　粗饲料的加工与调制技术

对于肉羊来说，使用得最广的是能量饲料和粗饲料，其中，能量饲料虽然是肉羊短期育肥必不可少的饲料，但一定量的粗饲料会增强肉羊反刍功能，提高饲料的利用率，降低饲养成本。

在各种饲草作物中，以苜蓿、三叶干草饲用价值为好，但在广大农产区秸秆饲料是草食家畜的主要粗饲料来源，主要包括玉米秸、稻草、谷草、豆秸、花生秧、地瓜秧等。这些农副产品如果直接用来饲喂肉羊，其利用率很低，适口性极差。为了改善上述粗饲料品性，国内外普遍采用对粗饲料加工与调制，增加其饲用价值，降低生产成本。

一、物理调制法

用物理方法处理粗饲料是将干牧草、玉米秸秆等机械切短，膨化或粉碎，以改善粗饲料品质，提高肉羊对其采食量，增加其消化率。

1. 切碎处理

切碎的目的是为了便于肉羊咀嚼，减少饲料的浪费，也便于与其他饲料进行合理搭配，提高其适口性，增加采食量和利用率，同时，又是其他处理方法不可缺少的首道工序。近年来，随着饲料工业的发展，世界上许多国家将切碎的粗饲料与其他饲料混合压制成颗粒状，这种饲料利于储存、运输，适口性好，营养全面。

在粗饲料进行切碎处理中，切碎的长度一般为 0.8～1.2cm 为宜。添加在精料中的粗饲料其长度宜短不宜长，以免羊只吃精料而剩下粗饲料，降低粗饲料利用率。

2. 热喷处理

热喷处理是将秸秆、秕谷等粗饲料装入热喷机中，通入热饱和蒸汽，经过一定时间的高压热处理后，突然降低气压，使经过处理的粗饲料膨胀，形成爆米花状，其色香味发生变化。这样处理粗饲料其利用率可提高 2～3 倍，又便于储存与运输。

二、化学调制法

粗饲料化学方法处理国内外已积累很多经验，其中如碱化处理中苛性钠处理法、氨处理法；酸处理中蚁酸和甲醛处理法以及酸碱混合处理法等。这里着重介绍氨化处理法，目前，推广粗饲料氨化处理法中主要有液氨法、尿素或碳酸氢铵处理法等。

1. 氨化原理

它是通过人工的方法将氨或氨化合物加入粗饲料中，增加饲料的含氮量。氨可分解秸秆中联结在木质素中的部分酯键，使秸秆软化，可以改善反刍动物对其蛋白质和粗纤维等有机物的消化率及能量利用率。经过氨处理的秸秆等粗饲料，增加了非蛋白氮源，牛羊等反刍动物瘤胃中微生物可利用非蛋白氮作为合成细菌蛋白的氮源，在能量作用下，合成大量细菌蛋白，家畜利用细菌蛋白就合成体蛋白，这样就可大大地提高家畜对秸秆等粗饲料的利用率。

2. 制作氨化秸秆等粗饲料的方法

（1）液氨处理法。秸秆等粗饲料用液氨处理可用捆草垛和土窖或水泥池来处理。

①捆草垛：捆草垛整齐，垛可打得高，节省塑料薄膜，容易机械化操作，适合大规模饲养。标准捆草垛长 4.6m，宽 4.6m，高 2.1m。垛顶塑料膜压以实物，以防风刮，用绳把垛四周塑料膜纵横捆住，垛底塑料膜覆土盖紧，以防漏气，秸秆等粗饲料含水量调整为 20%，水要均匀撒在每个草捆上。为便于插入注氨钢管，可提前在垛中留一空隙，如放一木杠等，通氨时取出木杠，插入钢管，其通氨量为氨化饲料重量的 3% 为宜。

②土窖或水泥窖（池）：秸秆等粗饲料用土窖氨化处理可以节省塑料膜，比较容易堆积，防鼠咬，占地少等优点，具体方法是土窖底部与四周铺好塑料膜，将秸秆等一层一层放入，边放边洒水搅拌边踩实，一直到窖顶，窖顶覆盖塑料膜与窖边塑料膜对折用土压实，通氨。通氨完毕，取出氨管，封口。最后用土盖在窖顶。通氨量用水量同上。水泥窖（池）也是如此。

（2）尿素或碳酸氢铵处理法。尿素或碳酸氢铵也可用来氨化秸秆等粗饲料，其来源广泛，利用方便，操作方便，更适合在农村普及。

尿素或碳酸氢铵处理秸秆等粗饲料具体方法是：将尿素或碳酸氢铵溶于水中，拌匀，喷洒于切短的秸秆上，喷洒搅拌，一层一层压实，直到窖顶，把塑料薄膜密封。一般尿素用量每千克秸秆（干物质）为 3～5.5kg，碳酸氢铵为 6～12kg，用水量为 60kg。

除了用窖氨化外，还可用塑料袋及氨化炉来氨化秸秆粗饲料，原理同上。总之，氨化好的秸秆色泽黄褐，有刺鼻气味，不发霉变质，饲喂前晾晒，放味，以利肉羊采食。

三、微生物调制法

微生物调制法是利用某些细菌、真菌的某种特性，在一定温度、湿度、酸碱度、营养物质条件下，分解粗饲料中纤维素、木质素等成分，来合成菌体蛋白、维生素和多种转化酶等，将饲料中难以消化吸收的物质转化为易消化吸收的营养物质的过程。

1. 青贮

调制青贮饲料不需要昂贵设备和高超技术，只要掌握操作要领，就能成功。

（1）适时收割。据青贮对象，适时收割。玉米全株青贮在蜡熟期至黄熟期；玉米秸秆青贮在籽粒熟末期；高粱在穗完全成熟后；稻草在割下水稻立即脱粒后；甘薯在早霜前叶未黄时收割。

（2）合理制作。

①首先将青贮原料切短至 1～2cm。

②水分适宜，青贮饲料含水量 70% 为宜。

③将切碎青贮料装入青贮设备中（青贮塔、窖、塑料袋等），逐层压实或踩实装满。

④密封是青贮饲料成功与否关键因素之一。密封的目的是为使具有厌氧要求的乳酸菌快速繁殖，达到一定浓度，从而抑制腐败细菌的生长，延长保存时间。

（3）注意事项。

①再密封：青贮窖等贮后 5～6 天进入乳酸发酵期，青贮料体积缩小，密封层下降，应立即再培土密封，以防漏气使青贮料腐败变质。

②防止踩压：无论青贮窖还是青贮袋，应防止踩压出现漏洞、透气而变质。

③防止进水：青贮饲料进水会导致腐烂变质，因此，青贮塔应不漏雨、漏水，青贮窖要有排水沟，青贮袋应不漏气等。

2. 微贮

秸秆等粗饲料微贮就是在农作物秸秆中，加入微生物高效活性菌种—秸秆发酵活干菌，放入密封容器（如水泥窖、土窖、塑料袋）中贮藏，经一定的发酵过程使农作物秸秆变成具有酸、香味的饲料。

秸秆微贮成本低、效益高。每吨微贮饲料只需 3g 秸秆发酵活干菌。经试验测定，在同等饲养条件下，秸秆微贮优于或相当于秸秆其他处理方法。秸秆微贮粗纤维的消化率可提高 20%～40%，肉羊对其采食显著提高，在添到肉羊日采食量 40% 时，肉羊日增重达 250g 左右水平。

秸秆微贮方法有以下几种。

（1）活干菌液配制。将 3g 左右秸秆发酵活干菌溶入 200mL 自来水中，在常温下静置 1～2 小时，然后将菌液倒入充分溶解的 1% 食盐溶液中拌匀，用量见表 3－7。

表 3 – 7　活干菌液配制方法

种类	重量（kg）	活干菌用量（g）	食盐用量（kg）	水用量（L）	微贮料含水量（%）
稻、麦秸秆	1 000	3.0	12	1 200	60~65
黄玉米秸秆	1 000	3.0	8	800	60~65
青玉米秸秆	1 000	1.5		适量	60~65

（2）微贮饲料调制。将秸秆等粗饲料粉碎，其长度以 0.8~1.5cm 为宜，将配制好的菌液和秸秆粉等充分搅拌均匀，使其含水量在 60%~65% 水平，然后逐层装入微贮窖或塑料袋中压实，经 30 天发酵后，就可饲用。微贮饲用时间冬季稍长。在夏季，微贮饲料发酵 10 天左右即可饲喂。

（3）注意事项。

①用窖微贮，微贮饲料应高于窖口 40cm，盖上塑料薄膜，上盖约 40cm 稻、麦秸秆、后覆土 15~20cm，封闭。

②用塑料袋微贮，塑料袋厚度须达到 0.6~0.8mm，无破损，厚薄均匀，严禁使用装过毒物品的塑料袋及聚氯己稀塑料袋，每袋以装 20~40kg 微贮料为宜。开袋取料后须立即扎紧袋口，以防变质。

③微贮饲料喂养肉羊须有一渐进过程，喂量由少至多，最后可达日采食量 40% 水平。

第六节　场址选择和设施建设

一、场址选择

1. 地形、地势

羊适宜生活在干燥、通风、凉爽的环境之中，潮热的环境影响羊只的生长发育和繁殖性能，感染或传播疾病，污染甚至损伤产品。因此，必须选择地势较高，南坡向阳、排水良好、通风干燥的地点，切忌在低洼涝地。

2. 水源

要求四季供水充足，水质良好，离羊舍要近，取用方便。水源必须清洁卫生，防止污染。最好用消毒过的自来水，流动的河水、泉水或深井水。忌在严重缺水或水源严重污染及易受寄生虫侵害的地区建场。

3. 疫病情况

要对当地及周围地区的疫情作详细调查，切忌在传染病疫区建场。羊场周围居民和畜群要少，尽量避开附近单位羊群转场通道，地势选择应在一旦发生疫情容易隔离封锁的地方。

4. 饲草、饲料资源

应充分考虑饲草、饲料供应条件，必须要有足够的饲草料基地或饲草料来源。

二、布局

养殖一般建议生活区与养殖区分离，养殖区与风向平行一侧分别建设饲草料棚、青贮窖，下风口建设粪场。

三、主要设施建设

1. 羊舍

建设标准化羊舍。为有效防止疾病发生，提高羊的成活率和增重速度，羊只需养殖在舍内高床上，即在羊舍内建设高出地面50cm左右处架设高架床。

根据羊只生活习性和达到获得优质产品的目的，应考虑为羊群建造冬暖夏凉的圈舍。寒冷地区的羊舍宜建在避风向阳的地方，炎热多雨地区宜选在干燥通风之处。床可用钢筋、水泥或木（竹）条制作漏缝板块，板面横条宽30cm、厚3.5cm，漏缝宽1.0~1.5cm，以使粪尿从缝隙中漏到地面。漏缝过狭易积粪，过宽则易造成羊只踩空折断羊腿（结合当地气温、雨雪、海拔、区域特点，采取适当的建筑设计）。

羊舍是坐北朝南，墙体是砖混结构，屋架是木梁的三角结构，屋面是瓦椽结构。整个结构有利于夏天通风、冬天保暖。羊舍的长度不超过40m，羊舍宽有5m（双列式）、7.5m（三列式）、10m（四列式）。羊舍要有换气窗。

通道：舍内通道宽度可根据实际需要设置，一般为1.2~2.5m。

地面：一般为砖地地面，羊舍地面需高出舍外地面20~30cm。

同时羊舍还必须要有足够的运动场地。

舍还必须要有足够的运动场地。运动场面积一般为羊舍面积的1.5~3倍，或成年羊运动场面积可按4m²/只计算。

2. 圈舍设施设备

（1）羊床。羊床用木条钉制，本条厚3cm、宽4cm、长度根据需要确定。羊床架高离地60cm。

（2）栅栏。材料为：热镀自来水管、热镀条铁、热镀角铁、热镀钢圆。栅栏围成笼，高1m，宽1.5m，长3m。

（3）料槽。有固定水泥槽和移动木槽两种。

①固定式水泥槽：由砖、土坯及混凝聚土砌成。槽体高23cm，槽内径23cm，深14cm，槽壁应用水泥砂浆抹光，槽长依羊只数量而定，一般可按每只大羊30cm羔羊20cm计算，这种饲槽施工简便，造价低廉，既可阻止羊只跳入槽内，又不妨碍羊只采食和添草料、拌料和清扫。

②移动式木槽：用厚木板钉成，制作简单，便于携带。一般长1.5~2m，上宽35cm，下宽30cm。

（4）水槽。乳头饮水器或塑料桶。

（5）蓄粪池。在羊床下面用水泥制成深度40cm蓄粪池。

3. 药浴设施

药浴池一般为长形，池深1m，长10~15m，上口宽60~80cm，底宽40~60cm，以一只羊能通过而不能转身为度，入口端为陡坡，以利于羊浴后攀登。出口端设滴流台，以使浴后羊只身上多余药液流回池内。

4. 饲料加工设施设备

（1）饲料库。100m²，用于堆放饲料原料和加工颗粒料。

（2）青贮窖。选择地势高、干燥、地下水位低、土质坚实、离羊舍近的地方，挖圆形土窖。通常为直径2.5m、深3~4m。长方形青贮壕，宽3.0~3.5m、深10m左右，长度视需要而定，通常为15~20m。

（3）切草机。用于切碎玉米秸秆。

（4）粉草机。用于粉碎小麦秸秆、苜蓿、胡草等。

（5）拌和机。用于拌和饲料原料。

（6）制粒机。制作秸秆颗粒饲料。

第七节　肉羊疫病防治技术

一、日常防疫技术

1. 消毒

（1）养殖区入口消毒。养殖区入口，地面用麻袋片或草垫浸4%氢氧化钠溶液或撒生石灰消毒。

（2）养殖区周围环境消毒。羊舍、羊圈、场地及用具应保持清洁、干燥；每天清除污物；清除羊舍周围的垃圾，填平死水坑；认真开展消灭鼠、蚊、蝇等工作。羊舍周围环境定期用2%火碱或撒生石灰消毒。

（3）圈舍消毒。羊舍清扫后消毒，无羊消毒时，可关闭门窗，用福尔马林熏蒸消毒12~24小时，然后开窗通风24小时。也可用10%~20%的石灰乳或10%的漂白粉溶液或2%~4%氢氧化钠消毒，最后开门窗通风，用清水刷洗饲槽、用具、将消毒药味除去。带羊消毒可用1：（1 800~3 000）的百毒杀。

羊舍消毒每周一次，每年再进行2次大消毒。产房在产羔前消毒1次，产羔高峰时进行多次，产羔结束后再进行1次。

在病羊舍、隔离舍的出入口处流放置浸有消毒液的麻袋片或草垫，消毒液可用2%~4%氢氧化钠、1%菌毒敌（对病毒性疾病）或10%辽林溶液（对其他疾病）。

（4）粪污消毒。粪便消毒最实用的方法是生物热消毒法，将羊粪堆积起来，上面覆盖10cm厚的土，堆放发酵30天左右，即可用作肥料。

2. 免疫

一般注射羊快疫、肠毒血症三联苗和炭疽、布病、大肠杆菌病菌苗等，进行相应的预防接种。

3. 驱虫

（1）内寄生虫。可供选择的驱虫药很多，常用的有驱虫净、丙硫咪唑、虫克星（阿维菌素）等。有针对性地选择驱虫药物、或交叉用2~3种驱虫药、或重复使用2

次等都会取得更好的驱虫效果。大群驱虫时，无论选择何种驱虫药，应先对少数羊驱虫，确定安全有效后再全面实施。

（2）外寄生虫。为驱除羊体外寄生虫，预防疥癣等皮肤病的发生，每年要在春季和秋季进行一次药浴。

药浴时应注意的事项有以下几点。

①药浴最好隔一周再进行一次。

②药浴前8小时停止放牧或饲喂；入浴前2～3小时给羊饮足水，以免羊吞饮药液中毒。

③让健康的羊先浴，有疥癣等皮肤病的羊最后浴。

④凡妊娠2个月以上的母羊暂不进行药浴，以免流产。

⑤要注惹羊头部的药浴。无论采用何种方法药浴，必须要把羊头浸入药液中1～2次。

⑥药浴后的羊应收容在凉棚或宽敞棚舍内。过6～8小时后方可喂草料。

二、病死羊的处理

1. 焚毁

对危险较大的传染病的病羊尸体应采用焚烧炉焚毁。

2. 深埋

进行填埋时，在每次投入尸体后，应覆盖一层厚度大于10cm的熟石灰，井填满后，须用黏土填埋、压实并封口。或者选择干燥、地势较高，距离住宅、道路、水井、河流及羊场或牧场较远的指定地点，挖深坑掩埋尸体，尸体上覆盖一层石灰。深度应在2m以上。

第八节　常见肉羊病的防治

1. 瘤胃积食

瘤胃积食是指因瘤胃充满异常多量的食物而引起的瘤胃体积增大、胃壁扩张食物停留在胃内引起的消化不良疾病。引起发病的病因主要是过量饮食，吃了大量不易消化的饲料、饮水不足和运动缺乏而引起的。这种病发病较快、不吃食、不倒磨，有腹痛感，回头看腹，行动不便。

治疗可用石蜡油100mL、人工盐50g或硫酸镁50g，加水500mL进行灌服，帮助下泻，同时，用5%碳酸氢钠100mL加入5%葡萄糖200mL中，静脉注射，防止胃内发酵引起酸中毒。

2. 瘤胃臌气

该病主要是羊吃了大量容易发酵的饲料，如幼嫩的青草、苜蓿、青菜等。此外，长期舍饲后突然放牧于草地茂盛的地方，羊吃了有雨水或露水的青草、抢食补料等也易发病。

治疗可用5%的碳酸氢钠溶液1 500mL洗胃，排出气体及内部食物。

3. 胃肠炎

这也是肉羊常得的一种疾病，主要是吃了发霉、腐败、冰冻的饲料，饲料种类变化快等也能引起发病，其主要症状是腹泻，拉的粪像猪粪，混有精料颗粒，严重者，粪便中混有血液、假膜、脓液、外观精神不振、食欲消失、倒磨停止，腹痛不安，喜欢卧地。

治疗原则是抗菌消炎、缓泻止泻。内服 0.1% ~ 0.2% 高锰酸钾液 500 ~ 1 000 mL，每天 1 ~ 2 次或内服磺胺脒、黄连素。如果病情较重可服氯霉素，每千克体重 30 ~ 60 mg，每天 2 ~ 3 次；或肌内注射氯霉素针剂，每千克体重 20 ~ 30 mg，每天 2 次，同时，要强心补液，每只羊可用 5% 葡萄糖生理盐水 200 ~ 500 mL，5% 碳酸氢钠注射液 100 ~ 200 mL、20% 安那加注射液 5 mL 混合后 1 次静脉注射。

4. 感冒

感冒是由于气候骤变，羊体受寒冷的袭击而引发的鼻流清涕、流泪、呼吸加快、体表温度不均为特征的急性发热性疾病，以幼羊多发，并但多发生在早春、秋末气候骤变和温差大的季节。发病原因多是对羊只管理不当受寒冷的突然刺击所致。如羊舍条件差，受贼风的袭击，外出雨淋风吹。

防治方法是加强对羊群管理，防止受寒，避免风吹雨淋羊群，备有防寒措施。一旦发生，可用复方氨基比林 5 ~ 10 mL 或 30% 安乃近肌内注射，为防止继发感染，用青链霉素各 50 ~ 100 万单位加蒸馏水 10 mL 肌内注射，每天两次，连用 3 ~ 5 天。

5. 中暑症

这是由于羊只受热或阳光直射后而引起的超过散热限度的一种疾病。舍内通风不良引起中暑症。预防措施：加强夏季防暑工作，中午应避开阳光直接照射羊群，羊舍内保持通风、凉爽，最好的办法是羊舍周围植树造荫，舍内防潮湿、防闷热、防拥挤，注意供给充足的饮水。

中暑羊只放在阴凉通风处，用凉水浇头、冷敷或冷水灌肠，然后给予 1% ~ 2% 的凉盐水，为了促进体温散发，可用 2.5% 盐酸氯丙嗪溶液 2 ~ 5 mL 肌内注射；也可以静脉放血 100 ~ 200 mL，然后用糖盐水 200 ~ 400 mL 静脉注射补液。

6. 羊快疫

羊快疫是由腐败梭菌经消化道感染引起的一种急性传染病，此病绵羊易感染，它与羊猝死病、肠毒血病构成威胁肉羊生产的三大疾病。本病以突发性强、病程短促、真胃出血性损伤为特征。发病羊多为 6 ~ 18 月龄，营养较好的绵羊较少发生。主要经消化道感染，这种菌通常以芽孢形式散布于自然界，特别是潮湿环境、羊只采食污染的饲草与饮水、引起发病。病羊病程短，往往来不及治疗，就突然倒地，口吐白沫，少者几分钟，多者几小时内就死亡。

该病目前只有通过定期接种"羊快疫、肠毒血症、猝死三联苗"或"羊快疫、肠毒血症、猝死、羔羊痢疾、黑疫五联苗"来预防，羊不论大小，一律皮下或肌内注射 5 mL，注射后 2 周产生免疫力，保护期达半年。

7. 肠毒血症

又称"软肾病"或"类快疫"是由 D 型魏氏梭菌在羊肠道内大量繁殖产生毒素引

起的主要发生于绵羊体内的一种急性毒血症。本病以急性死亡，死后肾组织易于软化为特征。感染途径也是经消化道进入，该细菌产生大量毒素进入血液，引起全身中毒，休克死亡。多见于采食大量富含蛋白质饲料时发生，一般呈散发性流行。临床发病突然，病羊腹痛，肚胀症状，卧立不安，有神经症状，临死时肠响或腹泻，排出黄褐色水样稀粪。

其防治方法同羊快疫的防治方法相同。

8. 羊猝死症

是由 C 型魏氏梭菌引起的一种毒血症，临床上以急性死亡，腹膜炎和溃疡性肠炎为特征。本病发生于成年绵羊，以 1~2 岁的绵羊发病较多，常流行于潮湿环境和冬春季节，主要经消化道感染，呈地方性流行。病程短，有时未见症状即已死亡，有时发现羊不安衰弱、卧地、掉群、于数小时内死亡。

此病也尚无特效药物治疗，可用三联疫苗进行预防。防治方法可参照羊快疫，羊肠毒血症的方法进行。

9. 羊布氏杆菌病

是由布氏杆菌引起的人畜共患的慢性传染病。主要侵害生殖系统，羊感染后，以母羊发生流产和公羊发生睾丸炎为特征。本病分布很广，不仅感染各种家畜，而且易传给人。母羊较公羊易感，性成熟后对本病极为易感染。消化道是主要感染途径，也可经配种感染。羊群一旦感染此病，主要表现是孕羊流产，开始仅为少数，以后逐渐增多，严重时可达半数以上。症状是怀孕羊在 3~4 个月时发生流产，伴有关节炎，有时，公羊发生睾丸炎，少数病羊发生角膜炎和支气管炎。

本病一般无治疗价值，发现病羊应及时隔离、淘汰，严禁与健康羊接触，对羊舍及其用具进行彻底消毒。

10. 口蹄疫

病原为口蹄疫病毒，只感染偶蹄动物，如牛、羊、猪、骆驼、鹿等，也可传染给人。以动物口腔、蹄部发生水泡和溃烂为特征。传播途径很多，可通过食物、水源、空气、接触性传染。患畜除口腔、蹄部发生水泡、溃烂外，有时乳房也可发生。患畜体温升高，口腔损害可使食欲下降，蹄部损害可造成跛行。轻者 1~2 周，重者 2~3 周可痊愈，死亡率约 1%~2%。幼畜表现为恶性经过，死亡率达 20%~50%。

预防措施中严禁从疫区购动物及其畜产品、饲料、生物制品等。发生疫情立即上报，按国家有关规定严格实行划区封锁，紧急预防接种，搞好消毒工作每年进行口蹄疫疫苗强制免疫，最好采用口蹄疫疫苗肌内注射，每年 2 次。

11. 羊痘

病原为羊痘病毒，以皮肤表面水样痘发展至脓性痘状病变、高热为特征。羔羊的病死率可达 20%~50%。体温可达 41~42℃，可视黏膜卡他性脓性炎症，1~4 天开始发痘。过程为红斑—丘疹—突出的结节水疱—脓疱，如果不感染就形成痂皮，脱落后留下瘢痕，全过程 3~4 周。

治疗时先用碘酊或紫药水涂擦皮肤痘疱外，用 0.1% 高锰酸钾液冲洗黏膜病灶；然后再涂以碘甘油或紫药水。如有继发感染时，每日肌内注射 80 万~160 万单位青霉素或 10% 磺胺嘧啶钠 10～20mL，连注 3 天。预防采用羊痘细胞弱毒冻干疫苗皮内注射。

12. 羊传染性脓疱（羊口疮）

由口疮病毒引起，夏季易发。以患羊口唇等部皮肤、黏膜形成丘疹、脓疱、溃疡以及疣状厚痂为特征，主要危害 3～6 月龄羔羊，严重时可引起羔羊死亡。羔羊常于口角、唇、鼻附近、面部和口腔黏膜形成损害，成年羊病变多见于上唇部、颊、蹄、趾间、乳房部的皮肤。病变初为散在红色疹状突起，随后变成脓疱并迅速结成淡黄色或褐色疣状痂，痂迅速增厚，扩大并干裂，约经 10 天即脱落。病程 1～4 周，一般可恢复，但也可继发肺炎或坏死杆菌感染而死亡。治疗同羊痘病。

13. 传染性角膜炎

该病中由嗜血杆菌、立克氏体引起。病变限于眼结膜、角膜等处，使眼睛角膜混浊或白内障。可采用 2%～5% 硼酸水或淡盐水或 0.01% 呋喃西林洗眼后，再涂以红霉素、降汞、可的松等眼膏进行治疗。出现角膜混浊或白内障时可滴入拨云散或青霉素加全血眼皮下注射。

14. 肝片吸虫病

在多雨温暖的季节常发生本病感染。有急性、慢性两种，急性多发生在夏末和秋季。病初羊只体温升高，精神沉郁，食欲下降或绝食腹胀，偶尔伴有腹泻，很快出现贫血。严重者多在几天内死亡。慢性是由寄生在胆管中的成虫引起。病羊逐渐消瘦、贫血、被毛粗乱，眼防治措施：要定期驱虫，常用驱虫药物有硫双二氯酚，每千克体重用 100mg。血防 846 每千克体重用 125mg。四氯化碳，成年羊 1.5～2mL。

15. 肺丝虫病

该病是由丝状网尾线虫或各种小型丝虫引起，寄生在气管、支气管、细支气管或肺实质内。羔羊比成年羊易得病，病羊表现精神不振，频繁咳嗽而强烈，呼吸困难羊只消瘦，四肢水肿，病羊因体弱而死亡。预防措施：应加强饲养管理，增强体质。在流行区要每年春、秋各进行一次预防性驱虫。采用酚噻嗪，羔羊 0.5g，成羊 1g，混入饲料内服，隔日喂 1 次，共喂 3 次。粪便堆积发酵以杀死幼虫和虫卵。有条件的可转移到清洁和干净的牧区。治疗方法可用左旋咪唑，每千克体重 8mg，一次口服；磷酸海群生，每千克体重 0.2mg 1 次口服；敌百虫，每千克体重 0.015g，配成 10% 的液体皮下注射。

16. 羊疥癣病

该病是由疥螨和痒螨寄生在体表而引起的慢性寄生性皮肤病，具有高度传染性，往往在短期内引起羊群严重感染，危害十分严重。该病主要发生在冬季和秋末、春初。发病时，疥癣病一般始发于皮肤柔软且毛短的部位。如嘴唇、口角、鼻面、眼圈及耳根部，逐渐向周围扩散，因主要病变发生头部像似皮肤上撒上一层石灰，老百姓称之"石灰头"。发病后，患部被毛脱落，病羊不停啃咬和摩擦患部，烦躁不安，影响正常采食和休息，羊只日渐消瘦。

预防措施：每年定期对羊进行药浴，加强检查工作，对发病羊应隔离检查，确实治好后再放入群体内。还要保持圈内卫生，经常用药品进行消毒。

治疗上有这样几种方法：一是注射和口服伊维菌素，此药不仅对疥癣病而且对其了的线虫病均有效果，应用时，剂量按每千克体重 50～100μg。二是涂药疗法，适于病羊数量少，患部面积少的情况，可在任何季节，但每次涂药面积不得超过体表的1/3。选用药物克辽林、敌百虫等。三是药浴适用于病羊较多但气候温暖的季节，可选用0.5%～1%敌百虫溶液，0.05%蝇毒磷乳剂水溶液或0.05%辛硫磷乳油水溶液。

17. 腐蹄病

在炎热的雨季，当圈内潮湿时羊只易患腐蹄病。饲料中钙磷不平衡时会使蹄质松软，行走时尖石、铁钉、玻璃刺伤蹄部可诱发本病，症状是病羊瘸，喜卧怕站，行走困难。蹄间有溃疡面，严重时蹄壳腐烂变形，卧地不起。

治疗方法，病羊应经常及时修整蹄部，尤其是阴雨潮湿的高温季节，如果蹄叉腐烂，可用5%碘酊涂洗，若是蹄底软组织腐烂，应彻底清洗，然后在蹄底用5%硫酸铜粉填塞包扎。

第四章　肉猪生产

第一节　猪的经济类型和生活习性

一、猪的经济类型

按经济用途，可把猪划分为 3 种类型：即脂肪型、瘦肉型和兼肉型。3 种经济类型猪在体形、胴体组成和饲料利用方面各具特点。

1. 脂肪型猪

脂肪型猪的特点是胴体脂肪多，一般脂肪占胴体比例的 55% ~60%，瘦肉占 40% 左右，整个外形呈方砖型，体躯短而宽深，下颌重，垂肉多，肋骨圆拱，背腰短宽，臀部丰满，四肢细而结实，体长与胸围基本相等；皮薄毛稀，体质细致，性温顺，耐粗饲，抗暑热；产仔数较低。这一类型猪能有效地利用饲料中碳水化合物转化为体脂肪，而利用饲料蛋白质转化瘦肉的能力较差，单位增重消耗的饲料较多。以老式巴克夏猪为典型代表。

2. 瘦肉型猪

与脂肪型相反，该型猪瘦肉比例占胴体的 55% ~65%，脂肪占 30% 左右。体躯长浅，整个身体呈流线型，前躯轻后躯重，头颈小，背腰特长，胸肋中满，背线与腹线平直。后躯丰满，四肢高长，粗壮结实，皮薄毛稀，习性活泼，产仔率高，生长发育快，但对饲料要求较高。如从外国引进的大约克夏猪、杜洛克、长白猪等猪均属此类型。

3. 兼用型猪

该型猪肉脂品质优良，风味可口，产肉和产脂肪能力均较强，胴体中肥瘦各占一半左右。体形中等，背腰宽阔，中躯短粗，后躯丰满，体质结实，性情温顺，适应性强。我国地方猪种大多属于这一类型，国外猪种以中约克夏猪、苏白猪为典型代表。

二、猪的生活习性

1. 性成熟早，繁殖力强，多胎高产，世代间隔短

仔猪生后 4~5 月龄即已性成熟，6~8 月龄就可初次配种，怀孕期短，当年留种当年即可产仔，世代间隔很短。猪的发情无季节性限制，一年四季都可发情配种。猪又属多胎动物，每胎产仔 6~13 头，一年两胎可产仔 12~26 头。

2. 生长迅速，饲料报酬高

猪的生长发育速度很快，肉猪 6 月龄体重可达 80kg。猪不但增重快，而且对精料

转换成猪肉的效能强，饲料报酬高。每增重 1kg 体重，一般只需要 2 ~ 3kg 精料。

3. 屠宰率高，肉脂品质好

猪的屠宰率因品种、体重、膘情不同而有差别，一般可达到 65% ~ 80%。猪的骨骼细，因而可供食用的肉食部分比例大，猪肉含水分少，含脂肪量高，每千克猪肉含有 12.552kJ 左右的热能，含蛋白质 16% 以上，其他矿物质、维生素的含量也丰富，因而猪肉的品质优良，风味可口。

4. 猪属杂食动物，饲料来源广泛

猪虽然属单胃动物，但具有杂食性，能充分利用各种精、粗饲料及青绿饲料转化为营养价值高的肉品。

5. 汗腺退化，不耐热

猪的汗腺退化，皮下脂肪层厚，不耐热。适宜温度为 20 ~ 30℃。

6. 感觉器官有差异

猪的嗅觉和听觉灵敏，视觉不发达，眼睛看不清。

第二节　猪品种和杂交利用

一、世界应用最广的猪品种

1. 杜洛克猪

杜洛克猪的毛色棕红色或金黄色，色泽深浅不一，体躯结构匀称紧凑，四肢粗壮，体躯深广，后躯丰满，腿臀肌肉发达。体质健壮，抗逆性强，生长速度快，饲料利用率高，酮体瘦肉率高，肉质较好。达 100kg 体重日龄为 156 天，生长育肥期的日增重高达 802g，料肉比 2.74：1，背膘厚 9.03mm，酮体瘦肉率 65% 左右。母猪一般在 7 月龄左右开始第一次发情，但产仔数较少，泌乳力稍差。在杂交利用中一般作为父本，多作三元杂交的终端父本。

杜洛克猪原产美国，各国都根据自己的市场需求，培育成各具部分性能优势的品系。我国内地目前饲养的杜洛克主要来自美国、加拿大和我国台湾地区等，分别称为美系杜洛克、加系杜洛克和台系杜洛克。

2. 长白猪

长白猪全身被毛白色，耳大而长向前倾，头和颈较轻，嘴长较直，体躯长，背线平直稍呈弓形，臀部肌肉丰满，腹线平直，乳头数 6 对以上，排列整齐。性成熟较晚，公猪一般在出生后 6 ~ 7 月龄时性成熟，8 月龄时开始配种。窝产活仔数达 11.1 头。生长速度快，饲料利用率高，繁殖性能良好，适应能力较强。100kg 体重时活体背膘厚 12.3mm，达 100kg 体重日龄是 158 天，瘦肉率达到 65%。长白猪是生产瘦肉型猪的优良亲本，通常作为母系品种使用。

长白猪原产于丹麦，同样各国都根据自己的市场需要培育出部分性能各具优势的品系。目前，我国饲养的长白猪主要来自丹麦（丹系）、美国（美系）、加拿大（加系）、英国（英系）、瑞士（瑞系）等国。

3. 大约克

大约克猪也称大白猪，皮毛白色，耳中等大，直立，嘴唇稍长微弯，背腰平直或微弓，腹部稍下垂，四肢较高，肢体健壮，腿臀发育良好，体质结实。乳头6对以上，排列整齐。生长快，饲料利用率高，产仔数较多，酮体瘦肉率高。平均窝总产仔数12.03头，产活仔数11.21头。达100kg体重日龄158天，酮体瘦肉率达到64%以上。通常利用它做第一母本生产三元杂交猪，最常用的是大约克为第一母本、长白猪为第一父本，生产"长×大"二元母猪。国内许多地方也用大约克猪做父本，改良本地猪，进行二元杂交或三元杂交，效果也很好。

大约克猪原产英国。目前，我国饲养的大约克猪主要有英系、美系、法系和加系等。

4. 皮特兰猪

皮特兰猪毛色灰白，夹有黑白斑点，有些杂有红毛。耳直立，体躯宽短，背宽，前后肩丰满，后躯发达，呈双肌臀，有"健美运动员"的美称。四肢较粗壮，但因其肌肉发达，常使四肢负重过大而受伤。公猪一旦达到性成熟时就有较强的性欲，母猪的初情期一般在190日龄，酮体瘦肉率高达70%。皮特兰猪是目前瘦肉率最高的种猪之一，应激反应是所有猪种中最突出的一个。主要利用它生产杂交公猪"皮×杜"或"杜×皮"，为杂交生产商品猪提供经济父本，以提高商品猪的瘦肉率。

5. 太湖猪

太湖猪产于我国浙江地区太湖流域，依产地不同分为二花脸、梅山、枫泾、嘉兴黑和横泾等类型。被毛稀疏，黑或青灰色，四肢、鼻均为白色腹部紫红，头大额宽，额部和后躯皱褶深密，耳大下垂，形如烤烟叶。体型中等，四肢粗壮，腹大下垂，臀部稍高，乳头8~9对，最多12.5对。性成熟早，公猪4~5月龄精子的品质即达成年猪水平。母猪两月龄即出现发情。初产平均12头，经产平均16头以上；3胎以上，每胎可产20头；优秀母猪窝产仔数达26头，最高纪录达42头。太湖猪遗传性能较稳定，与廋肉型猪种结合杂交优势强。最宜作杂交母本。目前太湖猪常用作长太母本（长白猪与太湖母猪杂交的第一代母猪）开展三元杂交。

二、猪的杂交利用

杂交是遗传上不同品种、品系或类群个体之间的交配系统。杂交的最基本效应是基因型杂合，产生杂种优势。杂种个体表现出生命力强，繁殖力提高和生长加速，多数杂种后裔群体均值优于双亲群体均值，但也有出现低于双亲群体均值的。目前，生产上最常用的杂交方式有二元杂交、三元杂交、四元杂交、轮回杂交和正反杂交。这里只谈二元杂交，三元杂交。

1. 二元杂交

二元杂交指两个具有互补性的品种或品系间的杂交，是最简单的杂交方式，生产上最常见的二元母猪为长大、大长母猪。

纯粹以国外引进品种杂交生产的母猪，养殖户俗称其为"外二元"母猪。二元杂交以我国地方猪种为母本生产的二元母猪，俗称为"内二元"母猪，如长白公猪太湖母猪杂交生产的长太二元母猪。常见的二元杂交公猪为皮杜，杜皮公猪。

2. 三元杂交

三元杂交是指 3 个品种间或品系的杂交。首先利用两个品种或品系杂交生产母猪，再利用第三个品种或品系的公猪杂交产生的后代猪。三元杂交除育种需要外，大部分用于生产商品猪。生产上最常见的三元猪为杜长大或杜大长。

全部运用外来品种（系）杂交生产出的三元猪，养殖户俗称为"外三元"。三元杂交的第一母本为国内地方品种生产的猪为"内三元"。

第三节　肉猪的繁殖

一、肉猪的性成熟、体成熟和适宜的初配年龄

1. 性成熟和体成熟

幼公猪生长发育到一定时期，开始产生成熟的精子，母猪生长发育到一定时期开始产生成熟的卵子，这一时期称为性成熟。地方猪品种一般在 3 月龄出现第一次发情，培育品种及杂种猪多在 5 月龄时出现第一次发情，但发情表现没有地方品种表现明显。在正常的饲养管理条件下，我国地方猪种性成熟早，一般在 3～4 月龄、体重 25～30kg 时性成熟，培育品种和国外引进猪种一般在 6～7 月龄，体重在 65～70kg 时性成熟。

2. 体成熟

猪的身体各器官系统基本发育成熟，体重达到成年体重的 70% 左左右，这时称为体成熟。体成熟一般要比性成熟晚 1～2 个月。

3. 初配年龄

中国地方品种公猪一般在 7～8 月龄，体重 50～60kg，大型培育品种 10～12 月龄，体重 120kg 以上开始配种比较合适；中国地方品种母猪一般 6～7 月龄，体重 50～60kg，国外引进品种 8～10 月龄，体重 90～110kg 开始配种比较合适。地方品种可以稍早一些。初配时机在性成熟之后，体成熟之前。刚达到性成熟的猪还不能进行配种，这是因为其自身的发育还没有成熟，这时配种会导致所产仔猪数少，初生重低，种猪利用年限缩短等情况的出现。

二、母猪的发情与发情周期

1. 母猪的发情与发情期

性成熟后的空怀母猪会周期性的出现性兴奋（鸣叫，减食，不安，对环境敏感等现象）、性欲（安静接受公猪爬跨交配）、生殖道充血肿胀、黏膜发红、黏液分泌增多，卵巢上有卵泡发育成熟和排卵现象。这种现象称为发情。通常情况下，人们把发情外观症状的出现到外观症状的消失称为发情期（或发情持续期）。以此为标准，猪的发情期为 2～4 天，范围 1～7 天。若以母猪安静接受公猪爬跨为标准，则从安静接受爬跨至拒绝爬跨所持续的时间为发情期。以此为标准，猪发情持续期为 48～72 小时。初产母猪发情期较长，老龄母猪发情期较短。

根据母猪发情期内的外观症状，可以把它分为 4 个时期：发情初期、高潮期、适配期、低潮期。

（1）发情初期。表现鸣叫不安、爬圈或爬跨其他猪、不接受爬跨，拱人或猪，食欲开始减退、频频排尿，阴户开始肿胀、黏膜粉红、微湿润，排较清的黏液不能拉成丝等。

（2）高潮期。表现更兴奋不安，鸣叫，食欲下降甚至拒食（培育品种的不明显），在圈内起卧不安，爬圈或爬跨同圈母猪，或其他母猪爬跨发情母猪。但不会安静接受爬跨；阴户及阴蒂肿胀更加明显，黏膜潮红或鲜红、前庭更湿润、有透明黏膜，排尿频繁。

（3）适配期。神情表现呆滞，两耳竖起来，翘起尾巴，安静接受公猪或同圈母猪爬跨。阴户肿胀度减退，出现皱褶，黏膜颜色紫红或黯红，黏液变稠。按压母猪腰荐部时，表现安静不动（又称静止反射）。

（4）低潮期。行为、食欲恢复正常，阴户收缩，红肿消失，拒绝公（母）猪爬跨，发情逐渐终止。

2. 发情周期

性成熟后的空怀母猪会周期性的出现发情。从母猪这次发情开始，到下次发情开始所间隔的时间称为一个发情周期。母猪的发情周期为 21 天（范围 18 ~ 23 天）。通常可以把发情周期分为两个阶段，即卵泡期和黄体期。卵泡期相当于母猪发情期的整个过程。从一批卵泡开始加快发育至卵泡成熟排卵为止。黄体期相当于上次发情结束至下次发情开始前这一段母猪表现安静的时期。

三、母猪发情鉴定与适时配种

发情鉴定可以判断母猪发情的阶段和发情是否正常，以便适时配种，获得较高受胎率。因此，掌握正确的发情鉴定技术，是配种获得成功的基础。常用的发情鉴定技术主要有以下几种。

1. 外部观察法

主要根据母猪阴门的外部变化来判断母猪发情的程度。母猪的发情表现比较明显，母猪开始发情时，行为不安，发出强烈的尖叫，食欲减退，不卧圈，常沿猪栏奔跑，除此之外，阴门充血肿胀，是母猪发情临近的征兆；当阴门红肿、有光泽并流出黏液时，进入发情盛期；此后性欲逐渐下降，阴门肿胀消退，待阴门变为淡红、微皱和黏液减少时便是配种适宜期，当黏液逐渐变黏稠时，则表明已到了排卵后期，是复配的有利时机。母猪每次发情持续时间一般为 2 ~ 4 天，在此范围内，发情持续时间因母猪的品种、年龄、体况等不同而有所差异。一般情况下，在母猪发情后 24 ~ 48 小时内配种容易受胎。本地土种母猪发情持续时间较长，宜在发情后 48 小时左右进行配种；培育品种母猪发情持续时间较短，宜在发情后 24 ~ 36 小时内进行配种；杂交母猪的发情持续时间介于上述两者之间，宜在发情后 36 ~ 48 小时内进行配种。此法简单、有效，是生产中最常用的发情鉴定方法。

2. 试情与压背法

母猪发情时对公猪的爬跨反应敏感，可用有经验的试情公猪进行试情。如将公猪放在圈栏之外，则发情母猪表现异常不安，甚至将两前肢抬起，踏在栏杆外，迫不及待地要接近公猪；当用公猪试情时，观察母猪是否接受公猪爬跨，此期是配种的重要时期，在发情期内，母猪愿意接受公猪爬跨的时间有 2.5 天（52 ~ 54 小时）左右；也可用压背法，即用双手按压母猪腰部，若母猪静立不动，即表示该母猪的发情已达高潮，母猪在静立反应中期输精受胎率较高。发情期 2 ~ 3 天，成年猪发情持续期比青年母猪长，排卵发生在开始后 20 ~ 36 小时（结束前 8 小时），排卵持续 4 ~ 8 小时，常有出血卵泡（动脉充血渗入卵泡腔）排卵后卵子保持受精能力 8 ~ 12 小时，黄体 6 ~ 8 天最大，16 天迅速退化。公猪射精后 2 ~ 3 小时进入输卵管，存活 10 ~ 20 小时。老龄母猪发情持续时间较短，排卵时间会提前，故应提前配种；青年母猪发情持续时间较长，排卵期后移，配种时间相应也要向后推迟；中年母猪发情持续时间适中，应该在发情中期配种。给母猪配种时应按照"老配早、小配晚，不老不小配中间"的原则。

3. 电阻法

电阻法是根据母猪发情时生殖道分泌物增多，盐类和离子结晶物增加，从而提高了导电率即降低电阻值的原理，以总电阻值的高低来反应卵泡发育成熟程度，把阴道的最低电阻值作为判断适宜交配（输精）的依据。实践证明，母猪发情后 30 小时电阻值最低，在母猪发情后 30 ~ 42 小时交配（输精）受胎率最高，产仔数最多。大量生产实践表明，用电阻法测定发情母猪的适宜配种时间比经验观察法更为可靠。

4. 外激素法

此法，是近年来发达国家养猪场用来进行母猪发情鉴定的一种新方法，就是采用人工合成的公猪性外激素，直接喷洒在被测母猪鼻子上，如果母猪出现呆立、压背反射等发情特征，则确定为发情。此法较简单，可避免驱赶试情公猪的麻烦，特别适用于规模化养猪场使用。

此外，还可采用向母猪播放公猪鸣叫的录音，来观察母猪对声音的反应等。目前，在工业化程度较高的国家已广泛采用计算机技术进行繁殖管理，对每天可能出现发情的母猪进行重点观察，这样可大大降低管理人员的劳动强度。同时，也提高了发情鉴定的准确性。

四、母猪的配种

母猪的配种方法有本交和人工授精两种，其中本交是指发情母猪与公猪所进行的直接交配。生产中常用的交配方式有 4 种，即单次配种、重复配种、双重配种和多次配种。

（1）单次配种。即母猪在一个发情期内，只与一头公猪交配一次。这种配种方式的优点是能提高公猪的利用效率，但是如果饲养人员经验不足，掌握不好母猪的最佳配种火候，受胎率和产仔数则都会受到影响。

（2）重复配种。即母猪在一个发情期内，用同一头公猪先后配种两次，在第一次配种以后，间隔 8 ~ 24 小时再配种一次。这种配种方式，可以增加卵子的受精机会，提高母猪的受胎率和产仔数，在生产中，经产母猪都采用这种方法。

（3）双重配种。即在母猪的一个发情期内，用同一品种或不同品种的 2 头公猪，先后间隔 10 ~ 15 分钟各配种一次。这种配种方式能促使母猪多排卵，并使卵子可选择活力强的精子受精，从而提高母猪的受胎率和产仔数，生产商品猪的猪场多采用此方式。但在种猪场或准备留种的母猪，则不能采用双重配种，否则，会造成血统混乱。

（4）多次配种。即在母猪的一个发情期内，用同一头公猪交配 3 次或 3 次以上，配种时间分别在母猪发情后的第 12 小时、24 小时和 36 小时。这种配种方式，虽能增加产仔数，但因多次配种不仅费时费工，也增加了生殖道的感染机会，易使母猪患生殖道疾病而降低受胎率。

五、母猪的妊娠诊断

母猪妊娠日期平均为 114 天，根据判定妊娠日期的迟早可分为早期、中期、后期。

（1）早期诊断。根据母猪外部特征及行为表现来判断：凡配种后表现安静，能吃能睡，膘情恢复快，性情温驯，皮毛光亮并紧贴身躯，眼睛有神、发亮，行动稳重，腹围逐渐增大，阴户下联合的裂缝紧闭或收缩，并有明显上翘成一条线，可能已经怀孕。经产母猪配种后 3 ~ 4 天，用手轻捏母猪最后第二对乳头，发现有一根较硬的乳管，即表示已受孕。

①验尿液：取配种后 5 ~ 10 天的母猪晨尿 10mL 左右，放入试管内测出比重（应在 1.01 ~ 1.025），若过浓，则须加水稀释到上述比重，然后滴入 1mL 5% ~ 7% 的碘酒，在酒精灯上加热，达沸点时，尿液颜色由上到下出现红色，即表示受孕；若出现淡黄色或褐绿色即表示未孕，尿液冷却后颜色消失。

②指压法：用拇指与食指用力压捏母猪第 9 胸椎到第 12 胸椎背中线处，如背中部指压处母猪表现凹陷反应，即表示未受孕；如指压时表现不凹陷反应，甚至稍凸起或不动，则为妊娠。

（2）中期诊断。母猪配种后 18 ~ 24 天不再发情，并且食欲剧增，槽内不剩料，腹部逐渐增大，则表示已经受孕。

用妊娠测定仪测定配种后 25 ~ 30 天的母猪，准确率高达 98% ~ 100%。

母猪配种后 30 天乳头发黑，轻轻拉长乳头观察，如果乳头基部呈现黑紫色的晕轮时，表示已受孕（约克夏母猪明显）。从后侧观察母猪乳头的排列状态时乳头向外开放，乳腺隆起，可作为妊娠的辅助鉴定。

（3）后期诊断。妊娠 70 天后能触摸到胎动，80 天后母猪侧卧时即可看到触打母猪腹壁的胎动，并且腹围显著增大，乳头变粗，乳房隆起，则表示母猪已经受胎。

六、母猪妊娠期及预产期推算

母猪的妊娠期大约为 110 ~ 120 天，平均为 114 天，预产期的推算方法主要有 2 种。

（1）"三三三"推算法。在配种的月份上加 3，在配种的日数上加上 3 个星期零 3 天，例如 3 月 9 日配种，其预产期是 3 + 3 = 6 月，9 + 21 + 3 = 33 日（一个月按 30 天计算，33 天为 1 个月零 3 天），故 7 月 3 日是预产期。

（2）"进四去六"推算法。在配种的月份上加上 4，在配种的日数上减去 6（不够减时可在月份上减 1，在日数上加 30 计算），例如 3 月 9 日配种，其预产期为 3 + 4 = 7 月，9 - 6 = 3 月，故 7 月 3 日是预产期。

七、母猪的催情和淘汰

1. 母猪的催情处理

对母猪断奶后 7 天仍未发情的，可与种公猪放到一起合养以刺激诱导发情，每天 10 分钟左右。

（1）注射激素。在母猪断奶后 6 天，肌内注射孕马血清、三合激素或绒毛膜促性腺激素，注射后 4 ~ 5 天即可表现出发情症状。

（2）乳房按摩。每天早晨饲喂后，给母猪按摩乳房，每日 3 次，每次 5 ~ 10 分钟，连续 7 日以上，直到发情。

后备母猪超过 240 日龄后仍不表现发情症状，应通过限料、调栏、混群以及注射激素等措施来刺激发情。对于患有生殖性疾病的母猪应给予抗生素治疗。

2. 合理淘汰母猪

（1）返情两次以上的母猪受孕率很低，应在第三次返情时淘汰。

（2）腿病造成无法配种的母猪，视治疗情况淘汰。

（3）连续 2 胎产仔数在 5 头以下的。

（4）产后无乳且母性很差的。

（5）8 胎以上体况不好、母性明显下降的。

（6）体况过肥或过瘦，2 周以上仍配不上种的。

（7）断奶后产道不明原因的严重炎症且短期内不能治愈的。

第四节　猪的饲养管理

一、猪饲养管理的一般原则

1. 科学配合日粮

根据猪的营养需要和当地饲料情况，合理配合日粮，饲料种类尽量多样化，以满足各种营养物质的需要。

2. 合理调制使用饲料

生产实践中一般以湿拌料喂猪为好（料水比为 1 :＜1 ~ 1.5＞）或根据实际情况选用生泡料、稠粥料、颗粒料等。

3. 科学饲喂

饲喂要定时、定量，少喂勤添，防止饥饱不均，消化不良，造成饲料浪费。一般每天饲喂 3 ~ 4 次为宜。

4. 改熟喂为生喂

生喂可以省开支，减少养分损失，提高经济效益。除豆类饲料、马铃薯、地瓜等熟喂外，其他饲料都要生喂。

5. 供给清洁充足的饮水

安装自动饮水器或使用饮水槽饮水，最好全天 24 小时有水。注意坚决杜绝使用污染、有毒的水，以防生病。

6. 创造适宜的环境条件

猪舍应保持清洁干燥、空气新鲜和温湿适宜。做到每天打扫猪舍一次，定期消毒。冬天防寒（暖棚）、夏天防暑，防蚊蝇叮咬。保持场内的环境安静，避免惊扰。一般适宜的温度是哺乳仔猪 25～30℃，育成猪 20～23℃，成年猪 15～18℃；生长育肥猪在 60kg 以内为 16～22℃（最低为 14℃），60～90kg 为 14～20℃（最低 12℃），90kg 以上时为 12～16℃（最低 10℃）。适宜的相对湿度为 65%～75%，最低为 40%。

7. 合理分群

按品种、年龄、性别、强弱、吃食快慢等分圈饲养。断奶仔猪每栏 10 头左右，后备猪 4～6 头，空怀猪 3～4 头。

8. 加强调教

主要调教"三定点"（吃食、睡觉、排便），特别是排便定位最为重要。方法是：在猪未入圈之前事先将猪的粪便放到预定位置即可。平时应严禁粗暴虐待，建立人猪亲和关系，经常刷拭瘙痒。

9. 精心照料

饲养员除了做好平时的饲喂工作外，还要做好以下工作。

（1）"六看"。上班看，观察所有猪的状态；出圈看，观察猪的步态、排粪尿情况；喂食看，观察吃食情况；进圈看，再次观察其状态；休息看，观察呼吸、睡觉状态；下班看，下班时再次巡视一遍。

（2）"六知"。知饥、知渴、知冷、知热、知痛、知个性。

10. 建立严格的工作制度，确保各项工作的顺利完成

工作人员要分工明确，坚守岗位，严禁串岗或擅自离岗；饲料存放有序，防止发霉变质；建立各种登记制度，饲料、配种、产仔、出售、死亡、存栏等每天统计，逐级上报。按照猪的品种、性别、年龄、体重、体质、性情和食欲等方面的相近程度，对其进行分群合圈管理，能有效地利用饲料和圈舍，提高劳动生产率，降低生产成本，促进食欲而提高增重效果。

二、种公猪的饲养管理

（一）中公猪的饲养

饲养种公猪的目的，就是用来配种。在正常情况下，种公猪配种一次其射精量能达 120～150mL（外来品种比本地种公猪高 1～2.5 倍），而精液里含有大量的蛋白质，这些蛋白质必须从饲料中获得。另外，公猪配种过程中，消耗体力也大。因此，对种公猪要注意蛋白质饲料的供应，尤其在配种季节，动物性饲料和青绿饲料的供应必须充足，以使其保持旺盛的性欲，生产更多的优质精液，完成配种任务。一般可利用小鱼、小虾、鱼粉、骨肉粉、蚕蛹及虫类等作为动物性蛋白质的补充饲料。此外，对配种繁忙的

公猪，每天可加喂 2 个鸡蛋，这不仅能补充消耗的蛋白质，还能增加其射精量。

在饲料配合上，除了保证蛋白质的含量以外，还应注意及时补给维生素、矿物质饲料，多喂些优质的青绿多汁饲料和块茎类饲料，如胡萝卜、南瓜、青草、青贮料、大麦等。

（二）种公猪的管理

1. 加强运动

让公猪经常合理的运动，不仅可以加强其新陈代谢，促进食欲，帮助消化，增强体质，健全肢蹄，而且还能增强其精子的活力，提高配种性能，延长公猪的种用年限。一般情况下，每天对种公猪进行野外驱赶运动 1~2 次，每次以 2~4km/小时的速度行走 1~2 小时。夏季可选择早晚凉爽的时间进行，冬季选择中午进行。配种期间的运动量应适当减轻。

2. 保持猪体清洁卫生

夏季可以洗澡或淋浴，其他季节可以刷拭猪体，可防止皮肤病的发生，促进新陈代谢，并可建立人与猪的亲和，便于管理。

3. 定期称重

根据体重变化调整日粮营养，保证公猪体格不显得过瘦或过肥，具有高度的配种受胎率。

4. 定期检查精液品质

一般每 10 天检查 1 次，根据精液品质变化来调整日粮、运动强度及配种次数。

5. 单圈饲养，避免刺激

单圈饲养可以使公猪安静，减少外界干扰，特别是杜绝母猪的干扰刺激，保持正常的食欲与性欲，避免发生自淫现象。

6. 建立正常的饲养管理日程

可以使公猪有良好的生活习惯，增进健康，提高配种能力。合理安排饲喂、饮水、放牧、运动、刷拭休息等日程。

（三）种公猪的合理利用

对种公猪的合理利用，既能获得优良的精液，又能有效地延长种用年限。

1. 选择最适初配年龄

传统的养猪生产认为，任何猪种均可在体重达到成年重的 50%~60% 或年满周岁时即可开始初配。而现代养猪生产中，公猪的初配年龄一般是根据品种、年龄和体重 3 个因素综合确定的，即小型早熟品种（如多数地方猪种）最适初配年龄为 8~10 月龄、体重 60~70kg；大中型品种（如引进及培育猪种）则为 10~12 月龄、体重 90~120kg。

2. 确定适宜利用强度

利用强度是指公猪参加配种的次数和频率，又称配种制度。实践证明，种公猪配种次数过度和长期不参加配种等都是不利的。一般初配公猪每周配种 2~3 次；成年公猪每天配种 1 次，或 1 天 2 次（间隔 8 小时以上），连用 1 周，休息 1~2 天。

3. 制定合理的配种制度

（1）配种应在早饲或晚饲之前进行。

（2）不同年龄公猪的配种次数不同。一般是青年公猪（1～2岁）每周休息1～2天；老年公猪（5岁以上）可每隔1～2天配种1次。

（3）当待配母猪过多时，可使用壮年公猪连续配种2次，但不可长期如此。

4. 合适的公母比例

季节性配种的猪场，公与母的比例为1:（15～20）。分散配种的猪场，公与母的比例为1:（20～30）。人工授精的猪场，公与母的比例为1:（600～1 000）为宜。

三、种母猪的饲养管理

种母猪是指已经产仔的母猪，其中，经过鉴定合格并产仔1～2胎以上的母猪为基础母猪，它是猪群的主要组成部分，也是猪场规模的计算单位。种母猪的饲养目的在于保持良好的体况和正常的性机能，达到繁殖力高、成活率高和获得较大的断奶体重，从而提高养猪生产效率。

（一）空怀母猪及其配种技术

1. 空怀母猪的饲养管理要点

（1）保证基本的营养供给，日粮中应保持较高的能量水平。

（2）加强猪群管理，重点是增加母猪运动（尤其是舍外运动）时间，保持舍内清洁，寒冷季节要铺设和勤换垫草，经常用公猪试情或调换圈舍，淘汰确定不育的母猪（一般约占猪群的10%）等。

（3）催情补饲。对限饲的小母猪或体质瘦弱的母猪，在配种前11～14天进行催情补饲，能在短时间内达到与全年优饲母猪相同的排卵数。具体做法是：每头母猪每天增加喂料量1.5kg左右；如不增加喂料量，也可在日粮中添加相当于喂料量5%～10%的猪油。

2. 母猪配种时间的掌握

（1）初配年龄。母猪的初配年龄略小于公猪，一般以达到成年体重的40%～50%为宜。但不同品种初配年龄也有差异，地方品种最好在6～8月龄、体重70～90kg时初配，引进及培育品种以8～10月龄、体重100kg时为宜。

（2）配种时间。母猪适宜的配种时间是在发情开始后24～36小时，与其排卵时间是一致的。但因母猪排卵时间和发情持续时间随其年龄、品种的不同而有差异，故把握适时配种时间的原则是"老配早、小配晚、不老不小配中间"和"引进猪早配、地方猪晚配、杂交猪中间配"。

3. 母猪配种技术

（1）发情鉴定。母猪常年发情，发情持续期为2～3天，发情周期为21天（16～25天）。地方猪种发情表现明显，即食欲缺乏常排尿、阴门红肿流黏液、接受公猪爬跨或爬跨其他猪等；引进猪种发情表现不明显，需认真细致观察方可确定。

（2）配种方法。可选择本交和人工授精方法。

（3）配种次数。为提高配种效果而采取重复配种是必要的。重复配种是指用同1头公猪（纯种繁殖）或2头公猪（杂种生产）与同1头母猪配种2次。具体做法是：在母猪发情后20～30小时配1次，间隔12～24小时再配1次。

4. 提高母猪年产仔窝数的措施

（1）早期断奶。通过缩短哺乳期，达到缩短生产周期、增加年产窝数的目的。国外 21 天、国内条件较好的 35～42 天、一般场家 42～49 天。

（2）提高情期受胎率。即提高全群可繁殖母猪一次发情的受胎率，情期受胎率越高则全群年产仔猪窝数越高。如果一次发情没配上种，则再等 21 天后的发情期。

（3）哺乳期配种。母猪分娩后第二次发情（27～32 天）是一次能正常发情、排卵的发情期，可以利用。

（二）妊娠母猪及其分娩护理

1. 妊娠母猪的饲养方式

在以青粗饲料为主的前提下，按照妊娠母猪的特点，可选择相应的饲养方式。

（1）抓两头顾中间式。适于仔猪断奶后膘情差的经产母猪。具体做法是在妊娠初期（20 天左右）增加精料，特别是含蛋白质高的饲料喂量；待体况恢复后再以青粗饲料为主，并按饲养标准喂养；到妊娠 80 天后再增加精料喂量，此时，日粮营养水平要比前期高。

（2）步步登高式。适于初产母猪和哺乳期配种的母猪。具体做法是妊娠初期以精粗饲料为主，以后逐渐加大精料比例，尤其要增加蛋白质和矿物质饲料，至产前 5 天左右减少 30% 的日粮喂量。

（3）前粗后精式。适于配种前体况良好的经产母猪。具体做法是妊娠初期仍按照配种前日粮饲喂，并增加青粗饲料喂量；到妊娠后期再加喂精料。

2. 妊娠母猪喂技术

妊娠期母猪的配合日粮一般分为前期和后期 2 种，其能量和蛋白质水平应略高于营养需要量。饲喂时应注意以下事项。

①喂给发霉变质、冰冻、带毒或有刺激性的饲料，容易造成母猪流产；

②饲料变换要逐渐交替增减，不要经常更换饲料；

③青粗饲料要合理加工调制，应具有良好的适口性，并适当增加饲喂次数。

3. 妊娠母猪的管理

妊娠初期 30 天应保证母猪恢复体力，让其吃好、睡好和少运动，可以合群管理。中期 30 天要让母猪运动充足，每天至少 1～2 小时。后期应逐渐减少运动量或让母猪自由活动，产前几天停止运动；最好是一圈一头，并随时观察母猪表现，结合预产期判断其分娩征兆。

4. 分娩母猪的护理

（1）做好分娩前的准备工作。主要包括产前 5～10 天清扫圈舍并保持舍内地面干燥；修理圈舍，防寒保暖；准备一些垫草。

（2）加强产中护理。母猪分娩多在夜间进行，其过程持续时间约为 1～4 小时，仔猪产出间隔一般为 5～25 分钟，全部仔猪产出后隔 10～20 分钟胎盘便产出。母猪的产中护理工作主要包括清理口鼻黏液、断脐（离腹部 4cm 处）、辅助固定乳头吃奶、假死急救（人工呼吸法）等。

（3）分娩前后的饲养管理。产前 5～7 天，按日粮采食量减少 30% 左右喂料量，但对较瘦弱母猪应不减料；尽量给母猪喂些麸皮或麸皮汤，以防产后便秘。产后 3 天，饲料喂量不可增加过快，最好是调制成稀粥状饲料喂给；天气好时，可以让母猪到舍外自由活动；产后 5~7 天开始按哺乳母猪日粮投料。

（三）哺乳母猪的饲养管理

1. 哺乳母猪的饲养

母猪泌乳期通常为 60 天左右，泌乳量可达 200~400kg，日产奶量约为 5~8kg。整个泌乳期母猪体重约下降 10%，约占母猪产后体重的 15%~20%，主要集中在产后第一个月。因此，哺乳猪的饲养方式均以前期营养补充为重点。

（1）前精后粗式。主要适用于体况较瘦的经产母猪。

（2）一贯加强式。适用于在哺乳期内进行配种的初产或经产母猪。

2. 饲喂技术

所配日粮要分前期和后期 2 种，其营养水平要求蛋白质含量略高于营养需要量。饲喂时应注意如下事项。

（1）少喂勤添，增加喂料次数，达到每天 3~4 次。

（2）饲料多样化，多喂一些青绿多汁饲料，以增加泌乳量。

（3）适应两次变料，第一次变料是产前减料、产后增料，其技术要求是分娩前 3 天减到原量的 1/3~1/2，分娩当天停料，产后 3 天要增加至原量。第二次变料是断奶前减料、配种前增料，其技术要求是于仔猪断奶前 3~5 天逐渐减少精料和多汁饲料的喂量，并减少饮水量；待乳房萎缩后再增加精料喂量，开始催情饲养。两次变料都不可太急。

（4）人工催乳技术。当母猪泌不足或缺奶时（常见于初产母猪），可采用人工催乳。具体做法是：先分析原因，在改进饲养管理的基础上，或增加蛋白质含量丰富而又易于消化的饲料（如豆类、豆粉、小鱼虾、青绿饲料等）喂量；或用 40℃ 左右温水浸湿抹布后按摩乳房，每天 1 次，连续 1 个月左右便可；或喂给母猪煮熟的胎衣。

3. 哺乳母猪管理

除保证母猪适当运动和充分休息之外，重点做好如下工作。

（1）训练母猪两侧交替躺卧的习惯，便于仔猪吃乳。

（2）母猪分娩后 5~7 天，可以按其体格大小、体质强弱、产期差异、产仔数多少等相近的原则，并群合圈饲养。

（3）仔猪断奶后 4~5 天，待母猪乳房萎缩后开始催情补饲（以防止乳房炎的出现），日粮喂量应以 2.6kg（2.2~3.0kg）为宜，以保证到 12 天左右完成受胎。

四、幼猪的饲养管理

幼猪是猪一生中生长发育最强烈、可塑性最大、饲料利用效率最高和最有利于定向培育的阶段。在生产中，根据幼猪不同时期内生长发育的特点及对饲养管理的特殊要求，通常将其分为哺乳仔猪、断奶仔猪和后备猪 3 个阶段。

（一）哺乳仔猪的饲养管理

养育哺乳仔猪的主要任务是获得最高的成活率、最大的断奶窝重及个体重，力争

30 日龄断奶体重达到 15kg 以上。主要措施如下。

1. 抓乳食、过好初生关

（1）及时尽早让仔猪吃上初乳。仔猪出生后 2 小时内应吃上初乳，最好是出生仔猪擦干被毛、断脐带后立即哺乳，生一个哺一个；同时，人工辅助为其固定好乳头，应使弱小仔猪吃中前部乳头，强壮仔猪吃后面的乳头。

（2）加强保温防压护理。仔猪适宜的温度是生后 1～3 日龄 35～36℃，4～7 日龄 33～34℃，15～30 日龄 25～22℃，此后到 3 月龄保持在 22℃。猪舍内，应设有护仔栏（架）以防压，设有仔猪保育补饲间（或火炕）以防冻。

（3）寄养与并窝技术。针对母猪产仔数的差异及乳头数的限制，最好在仔猪生后 3～4 天乳头尚未固定之前，实行寄养与并窝措施。其技术要求是：先给仔猪剪去犬牙；再将拟寄养与并窝的仔猪同置于护仔栏内约 1 小时；当母猪急待授乳时，放出所有仔猪一起吮乳。其成功的关键是仔猪日龄差异不大，并尽可能将日龄稍大的仔猪寄养或并窝于新生仔猪。

（4）去势及预防注射。凡不留种用的仔猪，可在小公猪 8～10 日龄时去势，现在饲养的都是杂交猪，小母猪不需去势。在仔猪 20 日龄左右进行猪瘟、猪丹毒、猪肺疫等疫苗的预防注射。切忌在仔猪断奶前后 7 天内进行去势和预防注射。

2. 抓开食，过好补料关

仔猪开食补料时间应从初生 7 天开始诱食。补料的内容及方法如下。

（1）补充矿物质。仔猪生后 2～3 天应补充铁、钴、铜和硒等矿物质元素。铁铜合剂补饲方法是把 2.5g 硫酸严铁和 1g 硫酸铜溶于 1 000mL 水中，装入瓶内将其滴在母猪乳头上，让仔猪吸食或直接用乳瓶喂给，每天 1～2 次，每天每头 10mL，待仔猪吃料后，可将合剂拌在料中喂给，30 日龄后浓度加倍。铁钴合剂注射法是分别在 3 日龄和 7 日龄和 7 日龄为仔猪肌内注射右旋糖酐铁钴合剂 2mL 即可。硒的补充法是分别在 3 日龄内和断奶时为每头仔猪肌内注射 0.1% 亚硒酸钠 0.5mL 即可。

（2）补水。从仔猪 3～5 日龄起，于补饲间设饮水槽，为其补充清洁饮水（最好稍加些甜味剂）。

（3）补料。诱导仔猪开食的方法有自行拱咬法、母教仔法和大带小法等。补料技术要求是从 6～7 日龄开始，可于补饲间或料槽内撒放一些炒焦的高粱、玉米、谷粒等让仔猪拱咬；到 10 日龄可给青绿多汁饲料（如青草、青菜、红薯、南瓜等）诱导采食；20 日龄后，仔猪一般已能正常采食；30 日龄后则食量大增，全期每头仔猪约需补充精料 15kg 以上。为提高补料效果，建议于为仔猪配制的饲料或代乳料中添加适量的葡萄糖（不拘日龄）乳糖（几周以内用）、蔗糖（9 周后用）、蛋白酶（5 周前用）和淀粉酶（5 周前用）。

3. 抓旺食，过好断奶关

仔猪 30 日龄后进入旺食阶段，此时，补好料对其正常生长和顺利断奶非常重要。

（1）饲料要求。尽可能选择香甜青脆、新鲜可口的饲料，在种类上应多样化配合。一般地，每千克日粮中消化能应在 13.81MJ 以上、粗蛋白质 18% 以上、赖氨酸 0.9%。为提高能量水平和适口性，可在日粮中添加动物脂肪、砂糖等。

（2）饲喂制度。最好采用自由采食方式。对限制饲养的仔猪，每天补料次数应为 5～6 次，每天食量以不超过胃容积 2/3 为宜。

（3）仔猪断奶技术。仔猪断奶时间一般为种猪场 40 日龄，商品猪场 20～30 日龄；早期断奶时，以 2～3 周龄为宜。断奶方法及要求是：一次断奶法，应于断奶前 3 天开始减少母猪精料和青料的喂量；分批断奶法，应将发育好、食欲强的先断奶，体格弱小的后断；逐渐断奶法，应于断奶前 4～6 天，把母猪赶离原圈与仔猪分开，逐日减少仔猪哺乳次数，经 3～4 天后即可断奶。

（二）断乳仔猪的饲养管理

断奶仔猪是指从断奶到 4 周龄（也有 3 周龄断奶的）的仔猪。其主要饲养任务是保证正常生长、避免疾病侵袭、获得最大日增重和育成健壮结实的体质等；主要措施是做到"两维持"，即维持原圈管理和维持原料饲养；"三过渡"，即饲料、饲养制度和环境的过渡。

1. 断乳仔猪的饲养

仔猪断乳后保持原补充饲料不变，15 天后遭到逐渐改变成断乳仔猪料。断乳仔猪的日粮应是高蛋白高能量饲料，每千克饲料的消化能为 13.81～14.64MJ，粗蛋白含量在 16% 以上，同时，限制含粗纤维和碳水化合物过多饲料的喂量。日喂量约为体重的 1/20，次数增加（尤其是夜间要补料）。

2. 断乳仔猪的管理

先采用"原圈育成法"，即不调整原圈，不混群并窝，待 15 天左右仔猪吃食及粪便正常后再进行调圈并养；分群时，同群仔猪体重相差不要超过 2～3kg。此外，应保证仔猪有充足的清洁饮水、干燥的圈舍和垫草、必要的定点排泄调教等。

五、后备猪的饲养管理

后备猪是指 4 月龄到初次配种前的青年猪，其特点是生长发育快（主要是骨骼和肌肉的增长）和种用价值的获得等。

（一）后备猪的饲养

一般体重 35～40kg 以前，多喂精料，少喂青粗饲料，日粮中应加入适量的矿物质饲料（如骨粉、食盐等）。选择确定的后备种公猪，其日粮营养水平应比其他猪高些，青粗饲料比例应低些。

（二）后备猪的管理

后备猪开始应分群管理，个体体重差异不应超过 2.5～4kg，每圈 4～6 头。当后备公猪达到有性欲要求时，及时公母分开，有条件时将公猪单圈饲养，防止偷配。当体重达到 15～20kg 时，进行第一次驱虫，以后再酌情驱虫 1～2 次。平时应合理运动，多晒太阳，调教三角定位习惯，并保持性情温顺；经常保持圈舍清洁、干燥、通风，防止拉稀和患皮肤病等。

六、肉猪快速育肥技术

(一) 阶段肥育法

阶段肥育法又称吊架子肥育法，是根据猪的骨骼、肌肉、脂肪的生长发育规律，把猪断奶后的整个生长肥育过程划分为几个阶段，分别给予不同营养水平的肥育技术方法。其特点是巧用和少用精料，即把精料集中在小猪和催肥阶段，而在中间架子生长阶段主要利用优质青粗饲料。

1. 肥育阶段的划分

一般将肥育期划分为 3 个阶段：一是小猪阶段。从断奶体重（10kg 以上）到 30kg 左右，饲养期约为 1 个月。日粮中精料比重较大，要求日增重达到 200～250g。二是架子猪阶段。从体重 30～60kg，饲养期约 1 个月。日粮以青粗饲料为主，保证骨骼和肌肉得到充分发育；日增重较慢，约为 150～200g。三是催肥阶段。从体重 60kg 到出栏，饲养期 2 个月左右。日粮中逐渐增加含有碳水化合物较多的精料，并适当减少运动，有利于脂肪沉积。平均日增重要求达到 500g 以上。

2. 饲养管理技术

主要技术要点可以概括为"三阶段、两过渡"。一是由小猪期向架子期过渡。首先，对断奶仔猪合理分群，加强调教和精心管理；其次，为小猪阶段搭配全价的精饲料，同时，选用幼嫩的青绿多汁饲料；最后，逐渐减少精饲料饲喂量和饲喂次数（达到 2～3 次/日），不断增加青粗饲料喂量。二是由架子期向催肥期过渡。首先，对喂给架子猪的青粗饲料，加强饲料加工调制各多样化搭配，同时，适当搭配精饲料（以防架子期太长）；其次是逐渐减少青粗饲料喂量，增加精饲料喂量及精料中碳水化合物含量高的饲料（如玉米、糟渣、薯类等）；最后，临近出栏时，日粮中以精料为主，同时，采取适当增加饲喂次数、供给充足饮水、保持安静环境等措施，以利于脂肪沉积。

(二) 一贯肥育法

一贯肥育法又称一条龙肥育法、直线肥育法，是根据猪不同生长发育阶段营养需要的特点，始终保持丰富的营养供给，以获得较高日增重的肥育技术方法。其特点是整个肥育过程无明显的阶段性，但对各种营养物质的需要随生长期而有差异。

1. 基本要求

在整个肥育饲养期内，精饲料的喂量随体重增长而逐步增加，能量水平也是逐步提高，蛋白质水平一般为前高后低（为 18%～14%）。饲养期全程为 5 个月，出栏体重达到 90～100kg；日增重的变化为前 1 个月力争 450g 以上，中期 2 个月力争 650g 以上，最后 1 个月达到 750g 以上。

2. 饲养管理技术

（1）日粮配合要合理。在以精料为主的一贯肥育中，要特别注意青饲料的供给。根据当地青、粗、精料的数量和质量，为肥育猪搭配多样化的全价日粮。一般地讲，体重 35～60kg 的猪日粮中，青贮或青绿饲料可占 5%～8%；体重 60kg 以上时，可占到 10%～15%。

（2）饲喂制度要科学。在现代瘦肉猪生产中，育肥猪一般按体重划分为 15～30kg、

30～60kg 和 60～90kg 3 个阶段。喂料方法通常是第一、第二阶段自由采食，第三阶段限量饲喂（限量 20% 左右），饲喂次数每天为 3 次。

（3）供给饮水要充足。因日粮中精料比重较大，特别是使用颗粒料、生拌料时，猪对水的需要量会明显增大，故应注意供水要充足，有条件的最好安装自动饮水器，没条件的场户应保证每日供水 3～4 次。

第五节　猪常见疾病防治措施

一、猪病的发生与传播

通常情况下，猪在不断变化外界环境影响下，能通过神经和体液的调节，使机体的结构、机能、代谢及生理、生殖状况和生产性能保持正常，内环境维持相对稳定，并能适应外界环境。但当猪体受到外界环境的不利因素（如寒冷、寄生虫侵袭、病原微生物感染等）影响时，若机体不能抵抗、排除这些影响，其本来相对稳定的状态受到破坏，就不能进行正常的生命活动，机体的结构、机能和代谢等表现出不正常的状态，即为疾病状态。

养猪一般都比较密集，一旦发生传染病，会波及大批猪群甚至全场猪群，引起大批猪死亡。即使不死，也生长缓慢，甚至形成僵猪。

二、猪病的自辨

一看猪的精神状态：病猪精神委顿、行走摇摆、动作呆滞、反应迟钝，或在圈内打转，或横冲直撞，或痴立不动。

二看猪的双眼：眼结膜苍白，常见于贫血或内脏出血等；眼结膜充血潮红，是某些器官有炎症或热性病表现；眼结膜紫红色，多为血液障碍所致，常见于疾病的后期。

三看猪的鼻盘：鼻盘干燥、龟裂，是体温升高的表现；鼻腔有分泌物流出，多为呼吸器官有病的象征；鼻、口、蹄部若有水疱、糜烂，可能是水疱病、口蹄疫或水疱疹。

四看猪的尾巴：尾巴下垂不动，手摸尾巴根部冷热不均、无反应，表示有病。

五看猪的被毛皮肤：皮肤苍白，是各种贫血的症状；皮肤有出血，应考虑有败血症的可能；皮肤发黄则为肝胆系统与溶血性疾病；皮肤发绀，常见于严重呼吸循环障碍；皮肤粗糙、肥厚，有落屑，发痒，常为疹癣、湿疹的症状。

六看猪的腰部外形：猪的腰部显著膨大，呼吸急促，有肠梗阻与肠扭转的可能；如腹围缩小，骨瘦如柴，体质弱差，多见于营养不良和慢性消耗性疾病。

七看猪的行走状态：行走蹒跚、举步艰难、尾巴下垂，卧地不起等，表示有病；或四肢僵硬、腰部不灵活、两耳竖立、牙关紧闭、肌肉痉挛，是破伤风的表现。

八看猪的肛门：肛门周围有粪便污染，多见于腹泻，痢疾等病。

九看猪的小便：小便频多或减少，颜色改变，是疾病的征兆。如果猪频频排尿，且尿液呈断续状排出，说明排尿疼痛，尿道有炎症；若排血尿，则有尿结石、钩端螺旋体病的可能。

十看猪的粪便：粪便干燥，排粪次数减少，排粪困难，常见于便秘等；粪便稀清如水或呈稀泥状，频频排粪，则多见于食物中毒、肠内寄生虫病及某些传染病；仔猪排出灰白色、灰黄色水样粪便，并带有腥臭味，是仔猪黄痢或白痢的症状；粪便发红，且混有多量小气泡、恶臭，是出血性肠炎的症状。

三、常见猪病的防治

1. 猪瘟

猪瘟是由猪瘟病毒引起的一种急性、热性、接触性传染病。急性病例呈败血症变化；慢性病例主要在大肠，特别是在回盲口附近发生纽扣状溃疡，因此，又叫"烂肠瘟"。主要是通过消化道传染，传染方法是直接接触到病猪而传染，或是通过被污染的饲料、饮水、场地、各种工具等，以间接的方式传染给其他猪。其他家畜（犬、猫）、昆虫、老鼠等是机械性传播媒介。本病不分年龄、性别、体重大小，也不分季节，一旦猪群中一头发病，会很快在全群中流行，死亡率较高。

主要症状：病猪主要表现体温升高到41℃以上，精神沉郁，食欲减退或不食，眼发红有眼眵，拱背打冷战，走路打晃，常喜钻草堆。病初粪便干燥，后期拉稀。公猪包皮积液，皮肤出现大小不一的紫色或红色血点，指压不退色，严重时出血点遍及全身，常有咳嗽。有的出现神经症状，打转转，或突然倒地，痉挛，甚至死亡。

病理变化　剖检皮肤有点状出血，喉头、肾脏、膀胱均有针尖状与小米般大小出血点（指压不退色），脾脏有出血性梗死，回盲瓣有纽扣状溃疡。

防治措施：目前，对于该病还没有有效的治疗方法，主要靠平时的预防。

（1）定期预防注射疫苗。每年春秋两季除对成年猪普遍进行1次猪瘟兔化弱毒疫苗注射外，对断奶仔猪及新购进的猪都要及时防疫注射。将猪瘟兔化弱毒疫苗按瓶签说明加生理盐水稀释，大小猪一律肌内注射1mL，注射后4天即可产生免疫力。猪瘟常发疫区，仔猪出生后25~30日龄注射1次，55~60日龄仔猪断奶后再注射第二次，保护率可达100%。

（2）给怀孕母猪注射疫苗，能增强母子抵抗猪瘟病毒的能力。一般于母猪分娩前一个半月进行一次预防注射。

（3）紧急免疫接种。在已发生疫情的猪群中，做紧急预防注射，能起到控制疫情和防止疫情扩大蔓延的作用，注射时可先从周围无病区和无病猪舍的猪开始，后注射同群猪，病猪不注射。为加强免疫力，注射时可适当增加剂量。

（4）加强饲养管理，定期进行猪圈消毒，提高猪群整体抗病力，杜绝从疫区购猪。新购入的猪应隔离观察30天，证实无病，并注射猪瘟疫苗后方可混群。在猪瘟流行期间，饲养用具每隔3~5天消毒一次。病猪消毒后，彻底消除粪便、污物，铲除表土，垫上新土，猪粪应堆积发酵。在病猪初期，可试用抗猪瘟血清给猪注射，其剂量为每千克体重2~3mL，每天注射1次，直至体温恢复正常。

2. 猪繁殖与呼吸综合征（蓝耳病）

本病是由猪繁殖与呼吸综合征病毒引起猪的一种急性接触性传染病。主要侵害繁殖母猪和仔猪，以母猪发热、厌食、怀孕后期发生流产、死胎和木乃伊胎以及仔猪的呼吸系统症状和高死亡率为特征。而生长猪和育肥猪感染后症状比较温和。初次发病的猪场常呈爆发式发生，有从外引入病猪的历史。病猪和带毒猪是本病的主要传染源。

本病传播迅速，主要经呼吸道感染，特别是当健康猪与病猪接触，如同圈饲养，频繁调运，高度集中更容易导致本病发生和流行。本病也可垂直传播，怀孕中后期的母猪和胎儿对病毒最易感染。猪场卫生条件差，气候恶劣，饲养密度大，可促使本病的流行。

主要症状：母猪表现精神沉郁，食欲废绝，有的双耳、腹部、外阴部皮肤出现一过性的蓝紫色斑块；流产、死胎、木乃伊胎或弱仔。母猪产后无奶。仔猪感染后主要出现呼吸困难，体温升高至40℃以上，共济失调，后躯瘫痪，肌肉震颤等病态，死亡率极高。育成猪双眼肿胀、结膜炎、腹泻和便血，并伴有肺炎症状。公猪感染后表现咳嗽、打喷嚏、精神沉郁、食欲缺乏、呼吸急促和运动障碍、性欲减弱，精液质量下降，射精量减少。

病理变化：剖解主要可见肺弥漫性间质性肺炎，并伴有中性粒细胞浸润的卡他性肺炎病灶区，肺脏硬化，脾脏发生特异性脾炎。

防治措施：本病目前尚无特效药物疗法，主要采取综合防制措施及对症疗法。最根本的办法是消除病猪、带毒猪和彻底消毒，切断传播途径。

（1）加强检疫，严禁从有本病的国家和地区进口种猪、猪的精液和血液制品等；从非疫区进口的种猪等要严格检疫，只有血清学检测阳性的猪才允许进口，杜绝从境外传入本病。

（2）加强监测，无病毒的种猪场或规模猪场应坚持自繁自养的原则，在交换和购买种猪时，必须从无本病的地区引进，还应进行血清学检测，阴性者方可引入，引入后仍需隔离检疫3~4周，确认健康者方可混群饲养。对原种公猪、母猪、后备猪应定期进行血清学检测，发现阳性猪要采取综合性防治措施，及时清除和淘汰阳性持续感染种猪，杜绝该病的继续扩散，建立无本病的清净猪场。

（3）对发病猪场要严密封锁，禁止猪只调运。做好猪场卫生，及时清粪，坚持清洗消毒猪舍和运动场等，特别是流产的胎衣，死胎及死猪要严格做好无害化处理。产房要彻底消毒。发病种猪场及规模猪场的血清学阳性猪不能留作种用，一律淘汰。

（4）加强免疫，后备母猪在配种前2个月2次免疫，首免在配种前2个月，隔离1个月进行二免。小猪在母源抗体消失前首免；母源抗体消失后进行二免。但公猪和妊娠母猪不能接种，以成年母猪接种效果较佳。

3. 猪口蹄疫

本病是口蹄疫病毒所引起的偶蹄动物的烈性传染病，传播快、发病率高，主要危害牛、猪、羊等，人也能被感染，该病是世界上危害最严重的家畜传染病之一。主要通过消化道、黏膜（口、鼻、眼、乳腺）、皮肤、呼吸道等传染。病毒能随风传播到50~100km以外的地方，故而传播迅速。猪发生本病无明显季节性。

主要症状：发病猪一般体温不高或稍高，主要症状是跛行，初期蹄冠、趾间红肿，出现充满灰白色或灰黄色液体的水疱，水疱内破裂出血形成暗红色糜烂。如无细菌感染，一周左右痊愈。如有感染，严重者侵害蹄叶，蹄壳脱落，常卧地不起。疗程稍长者也可见到口腔及面上有水疱和糜烂。哺乳母猪乳头的皮肤常见有水疱、烂斑，吃奶仔猪，通常呈急性胃肠炎和心肌炎而突然死亡，死亡率可达60%~80%。

病理变化：剖检除口腔、蹄部的水疱和烂斑外，在咽喉、气管、支气管和胃黏膜有时可出现圆形烂斑和溃疡。心肌病变具有重要的诊断意义，心包膜有弥散性及点状出血，心肌切面有灰白色或淡黄色斑点或条纹，称为"虎斑心"。此项病变尤以突然死亡的仔猪明显。

防治措施：

（1）当猪场有疑似口蹄疫发生时，除及时进行诊断外，应向上级有关部门报告疫情。同时在疫场（或疫区）严格实施封锁、隔离、消毒、治疗等综合性措施。

（2）对猪场的健康猪立即注射口蹄疫灭活疫苗（不能用弱毒疫苗），每猪5mL，颈部皮下注射。

（3）病猪的蹄部可用3%臭药水或煤酚皂洗涤，擦干后涂搽鱼石脂软膏。糜烂面涂1%~2%明矾或碘甘油。乳房可用2%~3%硼酸水清洗，涂金霉素软膏等。

（4）小猪发生恶性口蹄疫时，应静脉或腹腔注射5%葡萄糖盐水10~20mL，加维生素C 50mg，皮下注射安那加0.3g。有条件的地方可用病愈牛全血（或血清）治疗，治疗量为仔猪1.5~2mL/kg。

4. 猪传染性胃肠炎

本病是滤过性病毒引起的猪的高度接触性传染病，寒冷季节及饲养管理条件差、饲养密度过大的猪群极易暴发流行，多发于冬、春寒冷季节（12月至翌年4月），常为地方流行或流行性。不同的年龄、性别、品种都能发病，但是仔猪发病较严重，特别是10日龄以内的猪死亡率高。传染途径主要是消化道，另外，病毒也可由呼吸道传染。死亡率较高，幼龄猪死亡率可达100%。

主要症状：病猪主要特征是全群发生剧烈的水样腹泻，体温一般不高，采食量略有减少，有时伴有呕吐症状，最后常因脱水而导致死亡。

病理变化：剖检尸体失水，结膜苍白、发绀，胃肠卡他性炎症，黏膜下有出血斑，胃内充满白色凝乳块，胃底部黏膜轻度充血，肠内充满白色或黄绿色半液状或液状物。

防治措施：

（1）治疗。本病目前尚无特效药物治疗，只有对症治疗。使用广谱抗生素以防治措施继发细菌感染和合并感染。首选药物为硫酸卡那霉素，体重15kg左右的病猪每次每头肌内注射50万~100万单位。为抑制肠蠕动，制止腹泻，可用病毒灵和阿托品，体重15kg左右病猪每次每头肌注病毒灵10mL，阿托品10~20mg。对于病情较重的猪，可用安维糖50~200mL，或10%葡萄糖50~150mL、维生素C 10~20mL、安钠加10mL，混合1次静脉注射或腹腔注射。

（2）预防。主要是抓好饲养管理工作，特别是在寒冷季节要注意防寒保暖，防止饲养密度过大。对妊娠母猪在产前45天和15天左右，可于肌肉与鼻内各接种弱毒疫苗1mL，也可给3日龄的奶猪直接接种。

5. 猪流行性腹泻

猪流行性腹泻是由类冠状病毒引起的以胃肠病变为主的传染病。母猪的发病率为

15%～90%，而奶猪、架子猪或育肥猪的发病率可达100%。一周龄内的奶猪，严重的病死率可达50%以上。断奶后的猪与育肥猪的病程约持续一周左右。本病在4～5周内可传遍整个猪场，但本病的传播有局限性。

主要症状：临床表现与猪传染性胃肠炎十分相似，大小猪均可发生腹泻，粪便稀薄呈水样，淡黄绿色或灰色。奶猪发病表现呕吐、水泻，肛门周围皮肤发红，1周龄内的仔猪常在水泻后3～4天，严重脱水而死亡；断奶后的仔猪与育肥猪的病程约持续一周左右。而成年猪一般症状不明显，有时仅表现呕吐和厌食。

病理变化：主要病理变化是小肠绒毛萎缩，肠壁变薄呈半透明状，肠内容物呈水样。

防治措施：

（1）目前可利用细胞弱毒苗来预防，在母猪分娩前5周和2周，分别口服疫苗。母源抗体可保护仔猪4～5周龄内不发病。

（2）对病猪用抗生素类药物治疗无效，但加强饲管，保持猪舍温暖、清洁、干燥，供足饮水可减轻病情和降低死亡率。

6. 猪轮状病毒感染

本病是由猪轮状病毒引起的一种急性肠道传染病，多发生于仔猪，以腹泻和脱水为特征，育肥猪和成年猪多呈隐性经过。呈地方流行性，有一定季节性，传播迅速，多发生在晚秋、冬季和早春季节。病猪和隐性感染的猪是主要传染来源，多经消化道途径传染。应激因素，特别是寒冷、潮湿、不良的卫生条件以及喂不全价的饲料和其他疾病的袭击等，对疾病的严重程度和病死率均有很大影响。

主要症状：潜伏期12～24小时，由于在疫区的大多数成年猪都已感染过而获得了免疫，所以发病的一般都是8周龄以内的仔猪。病初病猪精神委顿，食欲缺乏，不愿活动，时有呕吐，随后迅速发生腹泻，粪便水样或糊状，色黄白或暗灰色。腹泻3～7天，出现严重脱水，体重可减轻30%。症状轻重和日龄与环境有密切关系，特别在气温下降和继发白痢病时，使得病情恶化，增加死亡。3～8周龄仔猪或刚断奶的猪，病死率一般10%～30%，严重时可达50%。

病理变化：病变主要在胃肠道，胃弛缓，充满凝乳块，和乳汁，肠管变薄，呈半透明，内容物呈液状、灰黄或灰黑色。小肠绒毛萎缩、变短，隐窝细胞增生，柱状绒毛上皮细胞感染而破坏，常被鳞状或立方形细胞所代替。其他脏器无明显病变。

防治措施：

（1）在预防措施方面，因猪太小，目前多采用被动免疫。一般母猪可在产前注射灭活苗，使大多数母猪乳中有抗体，给未断奶的小猪提供不同程度和保护。过早断奶常会使疾病发作。

（2）对病猪，目前尚无特效药物，发现病猪，应立即隔离到清洁、干燥、温暖的圈内。清除粪便及污染的垫草，用3%氢氧化钠溶液消毒猪舍及用具。病猪停止哺乳，用葡萄糖盐水代替或腹腔注射5%葡萄糖盐水10～20mL。同时，可使用抗生素防止细菌继发感染。

7. 猪细小病毒病

猪细小病毒病是由猪细小病毒病引起的以母猪繁殖障碍为特征的传染病。主要表现为胚胎和胎儿的感染和死亡，流产、木乃伊以及不孕等症状。母猪本身无明显症状，世界各地均有发生。近年来我国某些地区发现有本病存在。

主要症状：仔猪和母猪的急性感染通常都表现为亚临床症状，但在其体内的组织中（尤其是淋巴组织中）均有病毒存在。母猪主要表现为繁殖障碍，感染的母猪可能重新发情而不分娩，或只产出少数仔猪，或产出大部分为木乃伊胎儿。母猪不同孕期感染，可分别造成死胎、木乃伊胎，流产等不同症状。

病理变化：除受感染的胎儿表现不同程度的发育障碍和生长不良，可见充血、水肿、出血、体腔积液、脱水（木乃伊化）等病变，其他猪如怀孕母猪感染后，没有明显的肉眼可见的病变。组织学检查，感染病毒的产仔猪，可见其大脑灰质、白质和软脑膜有增生的外膜细胞，组织细胞和浆细胞形成的血管周围管套为特征的脑膜脑炎。

防治措施：

本病尚无特效药物活疗，一旦发病，应将发病母猪、仔猪隔离或淘汰。猪场环境、用具应严密消毒，并用血清学方法对全群进行检查，对阳性猪应采取隔离或淘汰，以防疫情进一步发展。对猪进行免疫接种，有良好的预防效果。

8. 猪狂犬病

本病俗称疯狗病，又称恐水病，是由狂犬病病毒引起的一种人畜共患传染病，无论人、家畜还是野生动物都易感染。传播本病主要是受病犬、猫咬、抓伤所致。皮肤黏膜受损伤时，接触病畜也可能受感染，该病流行呈明显的连锁性，以散发形式流行。病死率达100%。

主要症状：病潜伏期差异性很大，伤口离头部（中枢神经）愈近，潜伏期愈短，一般为2~6周。被咬伤后，因局部发痒而不停地摩擦，有时会擦出血来，以后病猪出现流血、咬牙、狂躁不安、叫声嘶哑、横冲直撞，常常攻击人畜。间歇期时常钻入垫草中，稍有声响，一跃而起盲目乱跑，最后发生神经麻痹，经过2~4日死亡。

病理变化：剖检常见病猪口腔和咽喉黏膜充血糜烂，胃内空虚却有异物，如破布、毛发、木片等，胃肠黏膜充血或出血，硬脑膜有充血。最重要的是左大脑部海马角，其次是小脑和延脑处的细胞浆内出现嗜酸性包涵体，即内苦氏小体。

防治措施：

（1）控制本病的有效措施包括及时捕杀病畜，对家养的动物如犬、猫等应接种狂犬疫苗。

（2）猪一旦被疯犬咬伤、抓伤，应及时处理伤口，可扩大创面，使伤口局部出血，然后用肥皂水、0.1%升汞、5%碘酸、3%碳酸或75%酒精处理伤口；也可采用烧烙术处理局部，并立即肌内注射狂犬病灭活疫苗，剂量为5~10mL，第一次注射后，间隔3~5天重复注射1次。

（3）对严重病例或咬伤的猪，注射一定量的高免血清和免疫球蛋白，既可起预防作用，也能收到良好的治疗效果。

9. 猪乙型脑炎

本病是流行性乙型脑炎病毒所致的一种人畜共患传染病，不同年龄性别和品种的猪都可感染发病。主要通过蚊子的叮咬而传染。蚊子感染乙脑病毒后，可终生带毒，病毒可在其体内增殖，并随蚊子越冬，成为次年感染猪的传染源。主要侵害母猪、种公猪和幼猪。其临床特征为母猪流产和死胎，公猪睾丸肿胀，少数猪，特别是幼猪呈典型的脑炎症状。病毒除感染猪外，人、马、牛、羊、狗等都有不同的易感性，但多为隐性感染。

主要症状：病猪发病较突然，体温升高至41℃左右，呈稽留热，喜卧，食欲下降，饮水增加，尿色深重，粪便干结有黏膜。有的病猪呈现后肢轻度麻痹，后肢关节肿大、跛行。妊娠母猪患病后常发生流产，胎儿多数是死胎或木乃伊胎。患病公猪多出现一侧性睾丸肿胀、发热，严重的睾丸缩小变硬，失去种用性能。

病理变化：剖检主要表现脑、脑膜和脊髓膜充血，脑室和髓腔积液增多。母猪子宫膜有出血点，淋巴结周边性出血。公猪睾丸肿大，切开阴囊时，可见黄褐色浆液增多，睾丸切面有斑状出血和坏死灶；睾丸萎缩的切开阴囊时，发现阴囊与睾丸粘连。

防治措施：

（1）本病主要是由蚊虫传播，故要采取措施减少蚊虫滋生与灭蚊，猪圈经常喷洒0.5%敌敌畏溶液。掌握好配种季节，避免在天热蚊虫多时产仔。

（2）对病猪要隔离治疗，猪圈及用具、被污染的场地要彻底消毒，死胎、胎盘和阴道分泌物都必须妥善处理。

（3）本病目前尚无效疗法，为防止并发症和继发病，对病猪可用抗生素或磺胺类药物治疗。

（4）对4月龄以上至2岁的后备公、母猪或于流行期前1个月（每年的4月）进行乙型脑炎弱毒疫苗免疫注射，免疫后1个月产生坚强的免疫力，可防止妊娠后的流产或公猪睾丸炎。

10. 猪流行性感冒

本病是由甲型流感病毒引起的急性、高度接触性传染病。本病流行有明显的季节性，主要发生于晚秋和初春及寒冷的冬季。阴雨绵延，过分寒冷，通风及营养不良等因素可诱发本病的流行。不同年龄、品种、性别的猪都可感染发病。病猪和带毒猪是本病的传染源。主要经呼吸道感染，而传播快。呈流行性暴发，其发病率高，但死亡率低。主要临床特征是发病突然，传播迅速，高热，肌肉疼痛和呼吸道炎症。

主要症状：潜伏期为2~7天。典型的症状特点是发病突然，常会全群同时发生，体温升高至42℃，精神极度萎靡，食欲废绝，不愿动、喜卧。眼和鼻流出黏性分泌物，阵发性咳嗽，呼吸迫促，呈腹式呼吸，多数病猪经一周左右才能自然康复。慢性者，出现特定咳嗽，消化不良等，病程能拖一个月以上。

病理变化：剖检病猪呼吸道中鼻、喉、气管和支气管黏膜充血，附有大量泡沫，有时混有血液。肺脏有深红色的病灶，颈部及纵隔淋巴结肿大、水肿。组织学检查，可见呼吸道黏膜上皮绒毛消失、变性、坏死、脱落和细胞浸润。肺病变部位的支气管上皮发生变性、坏死及增生。肺泡陷落，上皮细胞增生和炎性细胞浸润。

防治措施：目前，尚无特效药物治疗和有效疫苗预防。一般用对症疗法以减轻症状和使用抗生素或磺胺类药物控制继发感染。

（1）解热镇痛，可肌内注射30%安乃近10～20mL，或复方氨基比林10～20mL，或内服阿斯匹林3～5或强力Vc银翘片20～50片。病重时，可肌内注射青霉素40万～160万单位。

（2）用中药金银花10g，连翘10g，共芩6g，等胡10g，牛蒡子10g，陈皮10g，甘草10g，煎水内服。

（3）加强饲养管理，将病猪置于温暖、干净、通风处，并喂给易肖化的饲料，特别要注意多喂青绿饲料以补充维生素。有时病猪在良好的环境下甚至不需药物治疗即可痊愈。

11. 猪圆环病毒感染

猪圆环病毒感染是由猪圆环病毒引起的一种新传染病。主要感染断奶后2～3周和5～8周的仔猪，哺乳仔猪很少发病，其特征为体质下降，消瘦，腹泻，呼吸困难。发病期间平均死亡率为18%，高者可达35%。饲养条件差，通风不良，饲养密度高，不同日龄猪混养等应激因素，均可加重病情的发展。

主要症状：病猪表现生长发育不良和消瘦，皮肤苍白，肌肉衰弱无力，精神差，食欲缺乏，呼吸困难，出现多系统进行性功能衰弱症。有20%的病猪出现贫血、黄疸。但慢性病例不明显。

病理变化：剖检尸体消瘦，有不同程度贫血和黄疸。淋巴结肿大4～5倍，尤以胃、肠系膜、气管等淋巴结明显，切面呈均质苍白色，肺部有散在隆起的橡皮状硬块。严重病例肺泡出血，在心叶和尖叶有暗红色或棕色斑块。脾大，肾苍白有散在白色病灶，被膜易于剥落，肾盂周围组织水肿。胃在靠近食管区有大片溃疡形成。盲肠和结肠黏膜充血和出血点。

防治措施：目前，尚无有效疗法，主要加强饲养管理和兽医防疫卫生措施，引入种猪时应加强检疫防止本病传入。一旦发现可疑病猪，应及时隔离，严格彻底消毒，切断传播途径，杜绝疫情传播。

12. 猪支原体肺炎（气喘病）

本病又称猪气喘病，是由猪肺炎支原体引起的一种接触性慢性呼吸道传染病。不同年龄、性别和品种的猪均能感染，但以乳猪和断奶仔猪最为易感，其次是怀孕后期和哺乳期的母猪。病猪和带菌猪是本病的传染源，主要通过咳嗽、喘气、打喷嚏排出病原，散布于空气中，如被健康猪吸入即引起传染而发病。许多均是因引种、购入猪只，将隐性病猪引入而造成本病爆发和流行。病猪症状消失后可长期带菌，传给健康猪，以至于病菌在猪群中长期存在，很难根除。

本病一年四季均可发生，一般在气候多变，阴雨、寒冷的冬春季发病严重，症状明显，往往以慢性经过为主。饲养管理和卫生条件差时，发病率和死亡率增高。

主要症状：发病猪主要症状为咳嗽气喘。病初为短声连咳，特别是在早晨出圈后遇到冷空气的刺激，或经驱赶或喂料前后最容易听到，同时流出大量清鼻液，病重时流灰白色黏性或脓性鼻液。中期出现气喘，呼吸次数增加，每分钟可达60~80次，呈明显的腹式呼吸。体温一般正常，食欲无明显变化。后期，气喘加重，发生哮鸣声，甚至张口喘气，同时精神不振，猪体消瘦，不愿走动。饲养条件好时，可以康复，但仔猪发病后死亡率较高。

病理变化：剖检可见肺脏显著增大，两侧肺叶前缘部分发生突变。实变区呈紫红色或深红色，压之有坚硬感觉，非实变区出现水肿，气肿和淤血，或者无显著变化。

防治措施：

（1）加强饲养管理，实行科学喂养，增强猪体的抗病能力和康复力，提倡自繁自养，不从疫区引入猪只，新购进的猪只要加强检疫，进行隔离观察，确认无病后，方可混群饲养。疫苗预防可用猪气喘病弱毒疫苗，免疫期在8个月以上，保护率可达70%~80%。

（2）对发病猪进行严格隔离治疗，被污染的猪舍、用具等，可用2%氢氧化钠或20%草木灰水喷洒消毒。

（3）治疗病猪可选用硫酸卡那霉素，每千克体重3万~4万单位，肌内注射，每天1次，连续5天为一疗程。如果与土霉素交互注射，可提高疗效，防止抗药性。盐酸土霉素，每日每千克体重30~40mg，用灭菌蒸馏水或0.25%普鲁卡因或4%硼酸溶液稀释后肌内注射，每天1次，连续5~7天为一疗程。止喘灵，每千克体重0.4~0.5mL。颈部肌内深部注射，5天1次，连用3次。

13. 猪附红细胞体病

本病是由附红细胞体（简称附红体）引起的人畜共患传染病，以贫血、黄疸、发热为特征。附红体寄生的宿主许多，其传播途径尚不完全清楚。报道较多的有接触性传播、血源性传播、垂直传播及媒介昆虫传播等。本病多发生于夏秋或雨水较多季节。

主要症状：不同猪群发病后表现症状有所不同，3月龄内的小猪发病后主要出现皮肤苍白、黄疸、高热，体温可达40.7~41.6℃，耳尖、尾根及四肢末端发紫，猪群出现呼吸困难，先便秘后腹泻，排灰白色粪，并伴有血液；随着时间推移，发病猪数量逐步上升，患猪可见全身皮肤发红和皮肤表面有较多似丘疹状隆起，耳边缘发绀；部分患猪经过长时间腹泻后全身黄杂；个别猪还出现呼吸急促甚至腹式呼吸；发病率达40%~50%，死亡率可达35%~75%。日龄稍大的仔猪发病后皮肤出现淤血或出血点。

母猪多在产前2~3天发病，主要表现高热、厌食、乳汁减少或无乳。产仔后因无乳或乳少，常拒绝哺乳。停止授乳的母猪1周时发情率降低，发情猪出现屡配不孕等现象。有的母猪还出现产下整窝死胎和窝产弱仔数增多的情况。种公猪感染后精液品质下降，人工授精时配种率降低。

病理变化：患猪可视黏膜苍白，皮肤黄杂，并布有大小不等的出血斑点，出血点与出血斑表面有可刮去的血痂；血液似稀水样，凝固不良；胸肌、腹肌黄染，淋巴结肿胀；肺水肿，心肌松软，心外膜有黄染脂肪；肝呈土黄色、肿胀，并有出血或小点坏死，胆囊肿大，充满浓绿色似胶冻样胆汁；脾边缘不齐，呈大理石状；膀胱积水肿胀，黏膜有点状出血，尿颜色偏黄；脑膜呈针状充血、出血，质软，脑室有积液。

防治措施：

（1）猪附红细胞体对有机砷制剂（如阿散酸和洛克沙砷）、四环素族抗生素、土霉素、黄色素及血虫净等药物敏感，用这些药物治疗均可取得较好的疗效。

（2）由于母猪感染该病时，可通过垂直感染传播仔猪，而引起刚出生的仔猪发病出现贫血等症。因此，仔猪在刚出生时应肌内注射 20mg 的右旋糖苷铁及 30mg 的土霉素，在半个月左右再注射铁剂 1 次。

（3）加强猪场的卫生防疫措施，在温暖季节应坚持使用杀虫剂，杀灭蜱、蚊、蝇、虱、蚤等吸血昆虫，消除传播媒介，可减少本病的发生；加强饲养管理，发现病猪立即与临床健康猪隔离，并及时有效的治疗，对无治疗价值的猪应予淘汰。在治疗病猪的同时，对其他猪群可用土霉素、金霉素拌入饲料中饲喂，连续用药 2 周后，改用阿散酸以预防。

14. 猪钩端螺旋体病

本病是由钩端螺旋体引起的人、畜共患的一种广泛分布于世界各地自然疫源性传染病，对人和家畜均有严重的危害性。病猪以发热、血尿、贫血、黄疸、流产及皮肤黏膜坏死等为特征。主要通过伤口和消化道传染，也可在子宫内感染。多发生于夏、秋季节，热带地区雨水较多则全年可发生。

主要症状：病猪临床症状表现形式多样，主要有发热、黄疸、血红蛋白尿、出血性素质、流产、皮肤和黏膜坏死、水肿等。

（1）急性型（黄疸型）。多发生于大猪和中猪，呈散发性。病猪体温升高，厌食，皮肤干燥，常见病猪在墙壁上摩擦皮肤至出血，1～2 日内全身皮肤或黏膜泛黄，尿呈浓茶样或血尿。病后数日，有时数小时内突然惊厥而死。

（2）亚急性和慢性型。多发生在断奶前后，30kg 以下的小猪，病初有不同程度的体温升高，眼结膜潮红，食欲减退，几天后眼结膜有的潮红水肿，有的泛黄，有的苍白水肿。皮肤有的发红擦痒。有的轻度泛黄，有的头颈部水肿，尿呈茶尿至血尿。病猪逐渐消瘦，病程由十几天至一个多月不等。致死率 50%～90%。怀孕猪有 20%～70% 发生流产。

病理变化：剖检可见皮肤、皮下组织、浆膜和黏膜有黄液，胸腔和心包有黄色积液。心内膜、肠系膜、膀胱黏膜出血。肝大、棕黄色。膀胱内积有血样尿液。肾肿大，慢性者有散在的灰白色病灶。在水肿型病例，可见头颈部出现水肿。

防治措施：

（1）当猪群发现本病时，立即隔离病猪，以消毒被污染的水源、场地、用具。清除污水和积粪。消灭场内老鼠。及时用钩端螺旋体病多价菌苗进行紧急预防接种。猪的接种量15mg 以下 3mL；15～40mg5mL；40mg 以上 8～10mL，皮下或肌内注射。

（2）对症状轻微的病猪治疗时，可用链霉素，每千克体重 15～25mg，肌内注射，一天 2 次，连用 3～5 天。甲砜霉素，每千克体重 15～30mg，口服或肌内注射，每天一次，连用 3～5 天。群体治疗时，可按每千克饲料加入土霉素 0.75～1.5g，连喂 7 天，能解除带菌状态和消除一些轻型症状。

（3）对急性、亚急性病例，在病因疗法的同时结合对症疗法，其中，以葡萄糖维生素 C 静脉注射及强心利尿剂的应用，对提高治愈率有重要作用。

15. 仔猪白痢

仔猪白痢又称仔猪大肠杆菌病，一般是指主要由致病性大肠杆菌引起 7~30 日龄的仔猪常发生的一种急性传染病。主要特征为拉白色稀粪，发病率高而死亡率不高，生长发育受阻。一年四季均可发生，但在冬季和炎热夏季气候骤变时多发生，饲养管理和卫生条件较差时，极易诱发本病的流行，发病率和死亡率都较高。

主要症状：病猪多突然发生腹泻，粪便呈浆状、糊状，色乳白、灰白或黄白，具腥臭，肛门周围常被粪便污染，腹泻次数不等，病猪弓背，行动缓慢，食欲减退，消瘦，怕冷，脱水，最后衰弱死亡。

病理变化：病死猪的胃黏膜潮红肿胀，以幽门部最明显，上附黏液，胃内乳汁凝结不全。肠内容物黄白色，稀粥状，有酸臭味；有的肠管空虚或充器。肠黏膜充血和出血，有的部分黏膜表层脱落，肠系膜淋巴结轻度肿胀。肝和胆囊稍肿大，肾脏苍白，其他器官无明显变化。病程较长者可见肺炎病变。

防治措施：

（1）加强妊娠母猪和哺乳母猪的饲养管理，注意饲料科学搭配，防止饲料突变，保证母乳质量。在冬季产仔季节，要注意猪舍的防寒和保暖工作，母猪分娩前 3 天，猪圈应彻底清扫消毒，换上清洁干燥垫草。仔猪生下后，脐带一定要消毒彻底，尽早让仔猪吃上初乳，吃初乳前每头仔猪口服 2mL 庆大霉素。给仔猪提前补，可促进其消化器官的早期发育，增加营养，从而提高抗病能力。在仔猪饲料中，以每千克饲料中均匀混入粗制土霉素 1g，可预防白痢病的发生。

（2）对病猪可用下列方法治疗。

①土霉素或甲砜霉素，按每千克体重 50~100mg，每天内服 2 次，连服 3 天。

②磺胺脒 15g，次硝酸铋 15g，胃蛋白酶 10g，龙胆末 15g，加淀粉和水适量，调成糊状，供 15 头小猪用，上下午各 1 次，抹在小猪口中。

③敌菌净加磺胺二甲嘧啶，按 1∶5 配合，混合后每千克体重 60mg，首次量加倍，每天内服 2 次，连服 3 天。

④硫酸庆大霉素注射液（5mL 含 10 万单位），按每千克体重 0.5mL 肌内注射，
配合同剂量口服，每天 2 次，连用 2~3 天。

⑤链霉素 1g，蛋白酶 3g，混匀，供 5 头小猪 1 次分服，每天 2 次，连用 3 天。

此外，尚有许多中草药，如黄连、黄柏、白头翁、金银花及大蒜等对仔猪白痢病都有一定疗效。

16. 仔猪红痢

本病又叫"猪传染性坏死性肠炎"、"出血性肠炎"，是由 C 型产气荚膜梭菌所引起的肠毒血症，主要危害 1~3 日龄的仔猪，1 周龄以上仔猪很少发病。同一群各窝仔猪发病率不同，发病率高时可达 100%，病死率为 20%~70%。病原菌常存在于发病猪群的母猪的肠道内，随粪便排出体外，仔猪通过消化道感染，病菌侵入机体后，在小肠中繁殖，产生大量毒素，引起发病。该病多发生于产仔季节，任何品种猪都可感染。该菌一旦侵入猪群则常年发病。

主要症状：急性病例症状不明显，往往不见拉稀，只是突然不吃奶，常在病后数小时死亡；病程稍长者，不吃奶，行走摇晃，开始拉黄色或灰绿色稀粪，后变红色糊状，混有坏死组织碎片及多量小气泡，粪便恶臭，病猪一般体温不高，只有个别升高达41℃以上。大多数病猪在短期内死亡，极少数能耐过，后恢复健康。

病理变化：剖检病猪可见肛门周围被黑红色粪便污染，腹腔内有多量樱红色腹水，典型病变在小肠（多数在空肠），肠管呈深红色，甚至为紫红色，肠腔内有红黄色或暗红色内容物，肠黏膜上附有灰黄色坏死性假膜，其浆膜下及肠系膜内积有小气泡，淋巴结肿大、出血。心肌苍白，心外膜有出血点。

防治措施：本病无良好的药物治疗，预防本病必须严格实行综合卫生防疫措施，加强母猪的饲养管理，搞好圈舍及用具的卫生和消毒，于母猪产前一个月和半个月两次肌内注射仔猪红痢菌苗10mL，让仔猪及早吃到初乳，增强自身的免疫力。在经常发生本病的猪场，可于仔猪出生后口服土霉素、磺胺类等药物，以防仔猪红痢的发生。

17. 仔猪黄痢

本病又叫"初生仔猪大肠杆菌病"，是由致病性大肠杆菌引起的初生仔猪的一种急性、高度致死性传染病。多发生于1周龄以内的哺乳仔猪，尤以1~3日龄为最多。经常1头仔猪发病，很快会传至整窝，死亡率极高。

主要症状：突然腹泻，初期拉黄色糊状软粪，不久转为半透明的黄色液体、腥臭。严重的病猪肛门松弛，大便失禁，眼球下陷，迅速消瘦，皮肤失去弹性，外阴部、会阴部、肛门周围以及股内等处皮肤潮红，很快昏迷而死。发病最早的常在生后数小时、无拉稀症状而突然死亡。

剖检变化：病猪颈部及腹部皮下水肿，肌肉苍白，肠道黏膜出现急性卡他性炎症，尤其是十二指肠最严重，肠黏膜肿胀，充血、出血，肠壁变薄，肠管松弛，肝、肾常有小坏死性病灶，脑部充血或有出血点。

防治措施

（1）由于本病的病程短，发病后常来不及治疗，但如在一窝内发现1头病猪后立即对全窝做预防性治疗，可减少损失。常用药物有链霉素、环丙沙星、恩诺沙星、氟甲砜霉素、阿莫西林、金霉素、新霉素、磺胺甲嘧啶等。由于细菌易产生耐药性，最好先分离出大肠杆菌做药敏试验，选出最敏感的治疗药品用于治疗，能收到好的疗效。

（2）加强饲养管理，搞好预防工作。母猪产房在临产前必须清扫、冲洗，彻底消毒，并垫上干净垫草。母猪产仔后，先把仔猪放入已消毒的产仔箱内，暂不接触母猪，再彻底打扫产房，把母猪乳房、乳头、胸腹及臀部洗净、消毒、擦干，挤掉头几滴乳汁，再固定奶头喂奶。产后头3天每天要清扫圈舍2次，乳房清洗消毒2~3次。

18. 仔猪副伤寒

本病是由猪霍乱沙门氏菌或猪伤寒沙门氏菌引起的猪的常见传染病之一。急性者为败血症，慢性者为坏死性肠炎，有时呈卡他性或干酪性肺炎为特征。主要侵害1~4月龄仔猪，6月龄以上或1月龄以下的猪很少发病。病猪和带菌猪是本病的主要传染源，可从粪尿、乳汁以及流产的胎儿、胎衣和羊水排菌，主要通过消化道感染。一般为散发，有时呈地方性流行。一年四季均可发生，但以春冬气候寒冷多变时发生最多。饲养管理和卫生条件差时，可诱发本病。

主要症状：急性型病猪体温升高到 41~42℃，精神沉郁，食欲废绝，初便秘，后下痢，粪色淡黄、恶臭，有时混有血液。死前不久在颈、耳、胸下及腹部皮肤呈紫红色，后变蓝紫色，病程 4~10 天，多数患猪往往因心力衰竭而死亡。慢性型最常见，病初减食或不食，体温升高或正常，精神不振，腰背拱起，四肢无力，走路摇摆，经常出现持续性下痢，粪便时干时稀，呈淡黄色，黄褐色或绿色恶臭，有时混有血液。

病理变化：剖检可发现盲肠及结肠有浅平溃疡或坏死，周边呈堤状，中央稍凹陷，表面附有糠麸样假膜，多数病灶汇合而形成弥漫性纤维素性坏死性肠炎，坏死灶表面干固结痂，不易脱落。

防治措施：

（1）加强饲养管理，保持圈舍干燥卫生并喂给全价日粮，对 1 月龄以上的仔猪肌内注射仔猪副伤寒 C500 弱毒疫苗。

（2）治疗时可根据药敏试验，选用甲砜霉素、土霉素、新诺明、庆大霉素、乙基环丙沙星等药物治疗。

（3）已发生本病的，采取隔离，污染猪圈可用 20% 石灰乳或 2% 氢氧化钠进行消毒，治愈的猪，仍可带菌，不能与无病猪群合养。

19. 仔猪水肿病

本病是由致病性大肠杆菌引起的断奶仔猪的一种急性致死性传染病。其特征是突然发病，头部水肿，胃壁和肠系膜等部位发生水肿。本病死亡率高，危害严重，多发生于刚断奶的仔猪，特别是气候突变和阴雨后多发。体况健壮、生长快的仔猪最为常见。仔猪饲料单一、采食蛋白质淀粉含量过高或缺乏矿物质（主要为硒）和维生素的饲料，都可促进本病的发生。带菌母猪和感染的仔猪，是主要的传染源，通过消化道感染，一般多见于春、秋季节。

主要症状：仔猪断奶后不久即突然出现精神委顿，减食或停食，病程短促很快死亡。

病猪步态蹒跚，渐至不能站立，肌肉震颤，倒地四肢划动如游泳状，发出嘶哑的尖叫声。眼睑及结膜，齿龈水肿，严重的头顶甚至胸下部出现水肿，体温正常或偏低。病程数小时，一般 1~2 天内死亡，病死率可达 90%。

病理变化：病理变化主要特征是组织水肿，尤以胃壁肠系膜和体表某些部位的皮下水肿为最突出。眼睑及结膜较易见水肿。胃壁的大弯和贲门部水肿，黏膜层和肌层之间有一层胶样无色或淡红色水肿。

防治措施：

（1）对已发病的仔猪无特异治疗方法，初期可口服盐类泻剂，以减少肠内病原菌及其有毒产物，同时可使用抑制致病性大肠杆菌的药物。可用氢化可的松注射液，每千克体重 3~5mg，肌内或静脉注射，或地塞米松磷酸钠注射液，每千克体重 0.3~0.5mg，1 天 2 次，选用其中一种药物即可。再加上下列药物同时治疗：每 5kg 体量内服 1 片双氢克尿塞，日服 2 次；每 20kg 体重肌内注射磺胺-5-甲氧嘧啶注射液 10mL，1 天 2 次；或每千克体重口服 1 片复方杆菌净，1 日 2 次。经 2~3 次用药后，病状就会消失，当仔猪能站立，眼皮水肿已消失，则停止用药，并注意给足饮水。

（2）仔猪断奶时，要防止饲料和饲养方式的突变，避免饲料过于单纯或蛋白质过多，多喂些青饲料与矿物质，并在断奶前1周和断奶后3周，每头每天内服磺胺甲嘧啶1.5g，可预防本病。

20. 猪链球菌病

本病是由致病性链球菌感染而引起的一些疾病的总称。急性型常为出血性败血症和脑炎，慢性型则以关节炎、心内膜炎及组织化脓性炎症（脓肿）为特征。其中以败血性链球菌病危害最为严重。不同病型流行情况也各有差异，败血型主要发生于架子猪和怀孕母猪。脑膜炎型主要发生于哺乳仔猪及断奶仔猪，有时大猪也可发生。关节型主要是由败血型和脑膜炎型转化来的，也有的发病起始即呈现关节炎型；化脓性淋巴结炎型也发生于架子猪，6～8周龄仔猪也可发病。本病一年四季均可发生，但以5～11月多发，病猪和带菌猪是主要的传染源，呼吸道（鼻、咽黏膜）为本病的主要传播途径。新生仔猪常由脐带伤口感染。

主要症状：急性败血型多突然发生，体温升高到40～42℃，精神沉郁，食欲减退，全身症状明显；有脑膜炎症状的表现为惊厥，震颤，圆圈运动或卧倒四肢摆动。慢性关节炎型的表现为一肢或几肢关节肿胀、疼痛，肢体软弱，行动摇摆，步态僵硬，跛行，重者不能站立。淋巴结脓肿型，多见颌下淋巴结、咽部和颈部淋巴结肿胀，有热痛，根据发生部位不同可影响采食、咀嚼、吞咽和呼吸。扁桃腺发炎时体温可升高到41.5℃以上。部分病例也有腹泻，血尿，皮肤点状或斑状出血等症。

病理变化：剖检体表有局限性化脓性肿胀，心内膜有增生性慢性炎症，关节腔流体混浊，胃有溃疡。脑膜脑炎的，脑膜充血、出血。少数脑膜下有积液，脑切面可见白质和灰质有小点出血。骨髓也有类似变化。

防治措施：

（1）加强饲养管理，注意环境卫生，经常对可能污染的环境、用具消毒，及时淘汰病猪。健康猪可用猪链球菌弱毒活菌苗接种。

（2）治疗时可选用青霉素，每千克体重3 000～4 000国际单位，肌内注射，每天2次，连续3～5天。盐酸土霉素肌内注射，每千克体重0.05～0.1g，每天1次，连续3～5天。

（3）对于病猪体表脓肿，初期可用5%碘酊或鱼石脂软膏外涂，已成熟的脓肿，可在局部用碘酊消毒后，用刀切开，将浓汁挤尽后，撒些消炎粉等。

21. 猪丹毒

本病是由猪丹毒杆菌引起猪的一种急性、热性传染病。主要表现急性败血症、亚急性皮肤疹块、慢性心内膜炎和化脓性关节炎。不同年龄、品种的猪都可感染，但3个月以上的架子猪发病率最高。一年四季均可发生，尤以炎热多雨季多发，主要经消化道感染，常呈散发或地方性流行。潜伏期长短与病菌毒力强弱和猪的抵抗力有关，一般为3～5天，最长7天，最短只有24小时。

主要症状：临床上常见的主要是急性与亚急性，慢性的少见。最典型的症状是体温升高可达41～42℃，猪喜卧，寒战，绝食，腹泻，呕吐，继而在胸、腹、四肢内侧和耳部皮肤出现大小不等的红斑或黑紫色疹块，指压可暂褪色，疹块部位稍凸起，发红，界限明显很像烙印，俗称"打火印"。有的病例，疹块中央发生坏死，久而变成皮革样痂皮。

病理变化：根据病型不同病理变化有所不同，急性型以败血症为特征，胃、小肠黏膜肿胀、充血、出血，全身淋巴结充血、肿胀出血。脾、肾肿大，心内膜有小出血点。亚急性主要病变为皮肤有坏死性疹块。疹块皮下组织充血，也有关节发炎肿胀的。慢性病例主要是心脏二尖瓣处有溃疡性心膜炎，形成疣状团块，状如菜花。腕关节和跗关节，呈现慢性关节炎，关节囊肿大，有浆液性渗出物。

防治措施：

（1）加强饲养管理，做好定期消毒工作，增强机体抵抗力。定期用猪丹毒弱毒菌苗或猪瘟、猪丹毒、猪肺疫三联冻干疫苗免疫接种，仔猪在 60～75 日龄时皮下或肌内注射猪丹毒氢氧化铝甲醛疫苗 5mL，3 周后产生免疫力，免疫期为半年。以后每年春秋两季各免疫 1 次。用猪丹毒弱毒菌苗，每头猪注射 1mL，免疫期为 9 个月。也可注射猪瘟、猪丹毒、猪肺疫三联疫苗，大小猪一律 1mL，免疫期 9 个月。

（2）治疗时，首选药物为青霉素，对败血型病猪最好首先用水剂青霉素，按每千克体重 1 万～1.5 万单位静脉注射，每日 2 次。如青霉素无效时，可改用四环素或金霉素，按每千克体重 1 万～2 万单位肌内注射，每日 1～2 次，连用 3 天。

22. 猪肺疫

本病又称猪巴氏杆菌病或猪出血性败血病，是由多杀性巴氏杆菌引起的，以急性败血及组织和器官出血性炎症为特征的传染病。该病一年四季均可发生，但多发生于气候变化剧烈的春秋季节和应激状态下，常与猪瘟、猪丹毒等病并发，呈散发或地方性流行。病猪、带菌猪及其他感染动物是主要传染源，主要经消化道传染，也可经呼吸道吸入病菌而得病。

主要症状：最急性型猪肺疫呈败血性经过，病猪体温突然升高到 41～42℃，呼吸困难，心跳加快，不吃食，口鼻黏膜发紫，耳根、颈部、腹部等处发生出血性红斑。咽喉肿胀，坚硬而热，病猪呈犬坐势，在数小时到 1 天内死亡。有的头天晚上吃喝正常无临床症状，次日清晨死于圈内。

急性型呈纤维素性胸膜肺炎，体温上升至 40～41℃左右，呼吸困难。有短而干的咳嗽，流鼻涕，气喘，有液性或脓性结膜炎。皮肤出现出血红紫斑。病初便秘，后来下痢。往往在 2～3 天内亡，不死的转为慢性。

慢性型主要表现为持续的咳嗽，呼吸困难，食欲缺乏，常有下痢，病猪逐渐消瘦，有时关节肿胀，跛行，最后持续腹泻，衰竭而死。

病理变化：由于病型不同，病理变化也不同。最急性型为败血性变化，在皮肤、皮下组织、浆膜、心内膜发生出血。在咽喉部发生水肿，其周围组织发生出血性浆液浸润，肺淤血、出血和水肿。急性型主要变化是纤维素性胸膜肺炎，有各期肺炎病变和坏死灶，肺切面呈大理石样。慢性病例在肺脏有多处坏死灶，切开后有干酪样物质。

防治措施：

（1）加强饲养管理，消除可能降低抗病力的因素，每年春秋定期用猪肺疫氢氧化铝甲醛菌苗或猪肺疫口服弱毒菌苗进行两次免疫接种。前者股下侧皮下注射5mL，注射后14天产生免疫力，后者可按瓶签要求应用，注射后7天产生免疫力。

（2）治疗可用青霉素、链霉素和甲砜霉素、土霉素等抗菌药物。青霉素，按每千克体重1万单位，肌内注射，每日2次，连用3天；链霉素，每千克体重1万单位，肌内注射，每天2次，连用3天。

23. 仔猪渗出性皮炎

本病是由猪葡萄球菌引起、主要发生于哺乳仔猪和刚断奶仔猪的一种急性和超急性感染。猪葡萄球菌为革兰氏阳性、条件致病菌，常寄居于猪的皮肤、黏膜上，当机体的抵抗力降低或皮肤、黏膜破损时，病菌便乘虚而入，导致发病。

主要症状：该病多发生于哺乳仔猪仔猪，常突然发病，先是吻突及眼睑出现点状红斑，后转为黑色航皮，接着全身出现油性黏性滑液渗出，气味恶臭，然后黏液与被皮一起干燥结块贴于皮肤上形成黑色痂皮，外观像全身涂上一层煤烟，后病情更加严重；有的仔猪不会吮乳，有的出现四肢关节肿大，不能站立，全身震擅，有的出现皮肤增厚、干燥、龟裂、呼吸困难、衰弱，最后导致脱水和衰竭死亡。

病理变化：剖检病猪全身黏胶样渗出、恶臭，全身皮肤形成黑色痂皮，肥厚干裂，痂皮剥离后露出桃红色的真皮组织，体表淋巴结肿大，输尿管扩张，肾盂及输尿管积聚黏液样尿液。

防治措施：

（1）本病的预防应注意搞好圈舍卫生，母猪进入产房前应先清洗、消毒，然后进入清洁、消毒过或熏蒸过的圈舍。母猪产仔后10日龄内应进行带猪消毒1~2次。

（2）接生时修整好初生仔猪的牙齿，断脐、剪尾都要严格消毒，保证围栏表面不粗糙，采用干燥、柔软的猪床等能降低发病率。对母猪和仔猪的局部损伤立即进行治疗，有助预防本病的发生。

（3）一旦发病应迅速隔离病猪，尽早治疗。皮肤有痂皮的仔猪用45℃的0.1%高锰酸钾水或1：500的百毒杀浸泡5~10分钟，待痂皮发软后用毛刷擦拭干净，剥去痂皮，在伤口涂上复方水杨酸软膏或新霉素软膏。对于脱水严重的病猪应及早用葡萄糖生理盐水或口服补液盐补充体液，并保证患猪清洁饮水的供应。没有条件进行药敏试验的偏远地区猪场，可尝试应用青霉素、三甲氧苄氨嘧啶、磺胺或林可霉素、壮观霉素等抗生素肌内注射，连用3~5天。

24. 猪弓浆虫病

本病又称猪弓形体病，是由刚第弓形虫引起的一种人畜共患的寄生虫原虫病。猪、犬、猫、牛、羊等40多种动物和人均可感染，多数为隐性感染。猪主要通过胎盘、子宫、生殖道及初乳感染，经呼吸道也可感染。不同品种、性别、年龄的猪均可发生，但以2~4月龄发病率和死亡率较高，在新发病区往往是大规模突然暴发流行。本病发生无明显的季节性，但7~9月吸血昆虫活跃季节多发。

主要症状：急性感染时，猪病可出现高热，流鼻汁，眼结膜充血，有眼眵，体表发红，趾端和耳端发紫，腹泻等，并逐渐消瘦。有的出现癫痫发作，呕吐，全身不适，震颤，麻痹，不能起立等神经症状。病的后期体温急剧下降而死亡。病程一般7~10天。

在暴发流行时，患病的怀孕母猪往往发生流产。慢性病猪发育不良，下痢，消瘦，孕猪发生死胎流产，分娩的仔猪发生急性死亡，衰弱或畸形。

病理变化：剖检病程后期的猪，体表各部位尤其是下腹部、下肢、耳朵、尾部出现不同程度的淤血斑或暗紫红色斑块，特征的内部病变是肺、淋巴结和肝，其次是脾、肾、胃等脏器。急性死亡病例，主要可看到肺水肿，肝、脾大、点状出血，多发性坏死，淋巴结，特别是肺门、胃门、肝门及肠系膜淋巴结肿大、出血、坏死等。

防治措施：

（1）保持圈舍清洁卫生，定期清毒，经常开展灭蝇、灭鼠工作，母猪流产的胎儿及其一切排出物，包括流产的现场应严格处置，对死于弓浆虫病或怀疑患弓浆虫病的猪尸体应有妥善的处理方法，防止污染环境，更不准用于饲喂狗猫等肉食动物。

（2）治疗时用磺胺二甲嘧啶或磺胺嘧啶，日剂量为每千克体重100mg，分两次内服（间隔12小时）。其他如磺胺甲氧嘧啶、制菌磺胺、甲氧苄嘧啶和制菌净等药物均有效果。

25. 猪蛔虫病

本病是由猪蛔虫寄生于猪小肠内而引起的一种寄生虫病。以3～6月龄的仔猪最易发病，一年四季均可发生，卫生条件差，猪只感染严重。一般经口感染，虫卵在低温（-15～-20℃）停止发育，但不死亡，气温超过37℃时虫卵也停止发育。2%～5%热碱水或5%～10%的碳酸溶液可杀死虫卵。蛔虫卵在土壤中可存活几个月至几年。

主要症状：成年猪抵抗力较强，故一般无明显症状。对猪危害严重，当幼虫侵袭肺脏而引起蛔虫性肺炎时，主要表现体温升高，咳嗽，呼吸喘急，食欲减退及精神倦怠等症状，在成虫大量寄生时常引起小肠阻塞，猪体消瘦、贫血，生长发育不良。有时虫体钻入胆管，阻塞胆道，引起腹痛和黄疸。成虫产生的毒素可作用于中枢神经系统，引起神经症状，如阵发生痉挛，兴奋和麻痹，还可引起荨麻疹等。

病理变化：虫体寄生少时剖检一般无显著病理变化。如多量感染时，在初期多表现肺炎病变，肺的表面或切面出现暗红色斑点。由于幼虫的移行，常在肝上形成不定型的灰白色斑点及硬变。如蛔虫钻入胆管，可在胆管内发现虫体；如在大量成虫寄生于小肠时，可见肠黏膜卡他性炎症；如由于虫体过多引起肠阻塞而造成肠破裂时，可见到腹膜炎和腹腔出血。

防治措施：

（1）定期驱虫，在仔猪1月龄、50～60日龄和110～120日龄时分别选用左旋咪唑，按10g/千克体重拌入饲料中一次投喂，1日1次，连用3日。或用伊维菌素、阿维菌素，按0.1%混饲1周。母猪可于临产前一个月左右进行一次驱虫，以保护仔猪不受感染。

（2）保持栏舍清洁干燥，猪粪要勤清除，堆积发酵以消灭蛔虫卵。

（3）治病时可选用精制敌百虫。按0.1g/kg体重（总剂量不超过7g），溶解后拌入少量饲料内，一次投喂；左旋咪唑，10mg/kg体重，拌入饲料喂服；或用5%注射液，3～5mg/kg体重皮下或肌内注射，1日1次，连用2天。丙硫咪唑，15mg/kg体重，拌料一次喂服，效果较好。

26. 猪霉败饲料中毒

本病主要是于猪只食入含有霉败变质和含有毒物的饲料而引起。

主要症状：猪中毒后，初期表现为精神不振，食欲减退，结膜潮红，鼻镜干燥，磨牙，流涎，有时发生呕吐。病情继续发展，食欲废绝，吞咽困难，腹痛拉稀，粪便腥臭，常带有黏液和血液，最后病猪卧地不起，失去知觉，呈昏迷状态，心跳加快，呼吸困难，全身痉挛，腹下皮肤出现红紫斑。初期体温常升高到 40 ~ 41℃，后期体温下降。慢性中毒时，表现为食欲减退，消化不良，猪体日益消瘦。妊娠母猪常引起流产，哺乳母猪乳汁减少或无乳。

防治措施：

（1）禁止用霉败变质饲料喂猪，若饲料发霉轻而没有腐败变质，应经漂洗、暴晒、加热处理等后，少量饲喂。发现中毒后要立即停喂霉败饲料，改喂其他饲料，尤其是多喂些青绿多汁饲料。

（2）治疗时可采取排毒、强心补液、对症治疗等措施。如用硫酸钠或硫酸镁 30 ~ 50g，一次加水内服；用 10% ~ 25% 葡萄糖溶液 200 ~ 400mL，维生素 C 10 ~ 20mL，10% 安那加 5 ~ 10mL 混合一次静脉注射或腹腔注射，用氯霉素按每千克体重 0.01 ~ 0.03g，肌内注射，每日 1 ~ 2 次，磺胺脒 1 ~ 5g，加水内服，每日 2 次。

27. 母猪产后缺乳或无乳

母猪产后缺乳或无乳主要是母猪在妊娠期间及哺乳期间，饲料单一、营养不全，或母猪过早配种，乳腺发育不全，以及患乳腺炎、子宫内膜炎和其他传染病而引起，常发生于产后几日之内。

主要症状：由于母猪泌乳量减少，仔猪吃奶次数增加，但仍吃不饱，仔猪常叼住奶头不放，并发出叫声，甚至咬伤母猪奶头，母猪常拒绝仔猪吃奶，并用鼻子拱或用腿踢仔猪。仔猪吃不饱，严重者可饿死。

防治措施：

（1）加强饲养管理，给母猪营养全面且易消化的饲料，增加青饲料及多汁饲料。

（2）对发病母猪，可内服催乳灵 10 片，或妈妈多 10 片，每天一次，连用 2 ~ 3 天。或将胎衣用水洗净，煮熟切碎，加适量食盐混入饲料中饲喂；或用小鱼、小虾、小蛤蜊煮汤掺食喂饲。中草药王不留行 40g，穿山甲、白术、通草各 15g，白芍、黄芪、党参、当归各 20g 研成碎末，混入饲料中饲喂或水煎加红糖灌服。对体温升高、有炎症的母猪，可用青霉素、链霉素或磺胺类药物肌内注射。

28. 母猪产后不食或食欲缺乏

母猪产后不食或食欲缺乏，主要是由于饲料单纯，营养不良，母猪产仔时间过长，过度疲劳；或产后喂料太多，母猪出现顶食，或吞食胎衣，引起消化不良以及产道感染，体温升高，内分泌失调所致。

主要症状：母猪表现食欲降低，仅喝点清水或吃些少量的青绿饲料，尿少而黄，粪便较干燥，乳汁减少。

防治措施：

（1）母猪妊娠后期应保持较好的膘情，在哺乳期第 1 个月要加强营养，使母猪既不能胖也不能掉膘太快。

（2）治疗时可选用胃复安，每千克体重 1mg 肌内注射，每天 1 次，连续 3 次；在病初可用催产素、氢化可的松肌内注射，同时内服十全大补汤。后期用 25% 葡萄糖 500mL、三磷酸腺苷 40mg、辅酶 A100 单位静脉注射；也可用苦胆一个，醋 100mL，将苦胆先用水和匀，再加入醋调匀，灌服；或用中药补中益气汤，外加炒麻仁 30g，大黄 10g，芒硝 30 ~ 50g，煎汤灌服。

四、猪场防疫程序

（一）猪场主要传染病免疫程序（供参考）

1. 猪瘟

种公猪：每年的春、秋季用猪瘟兔化弱毒疫苗各免疫接种 1 次。

种母猪：于产前 30 天免疫 1 次；或春秋两季各免疫接种 1 次。

仔猪：20 日龄、70 日龄各免疫接种 1 次；或在仔猪出生后吃初乳前立即用猪瘟兔化弱毒疫苗接种 1 次；选留作种用时立即接种 1 次。

2. 猪丹毒、猪肺疫

种猪：每年的春、秋季分别用猪丹毒、猪肺疫疫苗各免疫接种一次。

仔猪：断奶后分别用猪丹毒、猪肺疫疫苗免疫接种 1 次。70 日龄分别用猪丹毒、猪肺疫疫苗再免疫接种一次。

3. 仔猪副伤寒

仔猪断奶后可用仔猪副伤寒弱毒冻干菌苗免疫接种 1 次。

4. 仔猪大肠杆菌病（仔猪黄痢）

妊娠母猪于产前 40 ~ 42 天和 15 ~ 20 天分别用大肠杆菌腹泻疫苗（K88、K99、987P）免疫接种 1 次。

5. 仔猪红痢

妊娠母猪于产前 30 天和产前 15 天分别用红痢疫苗免疫接种 1 次。

6. 猪细小病毒病

种公猪、种母猪：每年用猪细小病毒疫苗免疫接种 1 次。

后备公猪、母猪：配种前一个月免疫接种 1 次。

7. 猪喘气病

种公猪、种母猪：每年用猪喘气病弱毒菌苗免疫接种一次（右侧腹腔注射）。

后备种猪：配种前再免疫接种 1 次。

仔猪：7 ~ 15 日龄免疫接种 1 次。

8. 猪乙型脑炎

种猪、后备猪在蚊蝇季节到来前（4 ~ 5 份）用乙型脑炎弱毒疫苗免疫接种一次。

9. 猪传染性萎缩性鼻炎

公猪、母猪：春、秋两季各注射 1 次。

仔猪：70 日龄注射 1 次。

10. 猪繁殖和呼吸道综合征（蓝耳病）

母猪：配种前 3 ~ 4 周免疫接种 1 次。

仔猪：3 周龄或大于 3 周龄时免疫 1 次。

（二）猪场寄生虫病控制程序

1. 选择药物

应选择高效、安全、广谱抗寄生虫药，伊维菌素和阿维菌素的各种制剂为首选药物。

2. 常见蠕虫和体外寄生虫的防治

首次执行猪寄生虫病控制程序的猪场，必须先对全场猪只进行彻底地驱虫。

（1）对怀孕母猪于产前 1 ~ 4 周内用 1 次抗寄生虫药。

（2）对公猪每年至少用药 2 次，但对体外寄生虫感染严重的猪场，每年应用药 4 ~ 6 次。

（3）所有仔猪在转群时用药 1 次。

（4）后备母猪在配种前用药 1 次。

（5）新购进的猪只用伊维菌素或阿维菌素治疗 2 次后（每次间隔 10 ~ 14 天），并隔离饲养至少 30 天才能和其他猪只并群饲养。

第五章　蛋鸡生产

第一节　蛋鸡的品种及其生产性能

一、白壳蛋鸡种

白壳蛋鸡种是以白色单冠来航鸡为主杂交育成的，其特点是开产早、体型小、产蛋量高、耗料少，适合于高密度饲养。缺点是神经质、易受应激等因素影响。

主要品种：京白 904、滨白 584、星杂 288、海兰 W－36、罗曼白、迪卡白、尼克白等。

二、褐壳蛋鸡种

褐壳蛋鸡种属于蛋肉兼用型鸡，其主要特点是温顺、体重大、抗应激能力强，采食量大，如管理不当容易形成脂肪沉积，影响生产性能。

主要品种：红羽品种有星杂 579、迪卡褐、罗斯褐、海蓝褐、伊沙褐、海赛克斯褐、尼克褐、种禽褐等；黑羽品种有星杂 566、黑康 B－6 等。

三、粉壳蛋鸡种

粉壳蛋鸡种的父母代为白壳蛋鸡品系、褐壳蛋鸡品系，体型、蛋壳颜色介于二者之间为粉色。主要优点是产蛋量高、蛋重大、耗料少于褐壳蛋鸡，抗应激能力较强。

主要品种：京白 939、京白 939B、B－4 亚康、星杂 44 等。

第二节　育雏期的培育

一、雏鸡的生理特点及要求

育雏期是指 1～42 日龄的雏鸡。雏鸡的特点是体温调节能力差，消化机能不健全，代谢旺盛，生长速度快，胆小、敏感，群居性强，喜欢活动，生活力和抗病力差等。此阶段的主要任务是加强雏鸡的培育，提高其成活率，达到品种标准体重范围。

由于雏鸡出壳后消化机能不健全，对营养物质的需要主要靠两个来源：一是靠供给营养丰富、易消化的高蛋白质饲料（蛋白质含量应高于16%）。二是靠雏鸡本身腹中没有吸收完的卵黄囊供应物质。雏鸡对卵黄吸收的快慢，取决于两个条件：一是温度，温度在

33～34℃有利于吸收；二是饮水，充足的饮水能增加卵黄囊里营养物质的转化和代谢。

二、进雏鸡前的准备

进雏鸡前的准备，见表5－1。

表5－1　进雏鸡前的准备

时间	主 要 工 作
接雏前7天	1. 清除育雏舍内一切和育雏无关的物品 2. 修理门窗，安装防鼠、防雀网板等 3. 冲洗墙壁和地面 4. 喷洒消毒剂，鸡棚内熏蒸消毒
接雏前5天	1. 舍内地面喷洒消毒剂 2. 铺平垫料 3. 放置饮水器、料桶和其他物品
接雏前3天	1. 打开门窗排出甲醛等刺激性气味 2. 检查加热设备。生火是育雏舍升温，观察升温情况，达不到温度要求，要及时采取补救措施
接雏前2天	1. 育雏舍升温。高温地区温度高达35℃，育雏舍全面积温度达25℃ 2. 准备20kg/1 000只鸡凉开水 3. 准备10kg/1 000只鸡开食饲料 4. 若育雏室内甲醛气味还很刺眼，可用碳氨或氨水中和

三、雏鸡1～7日龄的饲养管理日程

雏鸡1～7日龄的饲养管理日程，见表5－2。

表5－2　雏鸡1～7日龄的饲养管理日程

时间	主 要 工 作
第1天 （1日龄）	1. 将雏鸡尽快放入育雏室。育雏室温度要保持在35～36℃，前后夜温度要均匀，温差不能超过1℃ 2. 雏鸡到达后要尽快让其饮上凉开水，水中必须加电解多维，任其自由饮水，一般让鸡连续饮3～6小时 3. 当雏鸡有1/3到处啄食时，就应开始加料饲喂，要做到少添勤给，以刺激雏鸡尽快开食 4. 光照23小时，用60～100瓦灯泡 5. 舍内湿度保持在65%左右 6. 饮水中可加入育雏宝或肠肝康等药物，以防鸡白痢、伤寒等病
第2天 （2～3日龄）	1. 观察鸡群，挑出残弱雏鸡，并记录死淘鸡数 2. 鸡群死亡超过1%，应详细分析每只死雏的原因，采取紧急措施 3. 开始使用配合饲料或自拌料，要求蛋白质达到20%，能量达到2 900卡，维生素加倍量
第4～7天 （4～7龄）	1. 育雏舍高温区温度降低到33℃ 2. 注意观察鸡群精神状态，吃喝情况，发现异常，要分析原因，并立即改进 3. 光照每日递减0.5小时 4. 舍内湿度保持在65%左右 5. 饮水中加入21金维他，全日饮用

四、雏鸡 8～14 日龄的饲养管理要点

（1）育雏舍高温区温度降低到 32℃。

（2）光照控制到 21 小时。

（3）饮水中加入 21 金维他电解多维，全日饮用。

（4）观察鸡群，注意是否有血样粪便，并开始对球虫病进行药物预防。

（5）将围栏扩大 1/3，增加鸡群的活动面积。

（6）6～9 日龄进行断喙，上喙断 1/2，下喙断 1/3。为防止出血，断喙两天和后三天要在饲料中添加维生素 K₃ 粉和维生素 C 或 21 金维他等。

五、雏鸡 15～21 日龄的饲养管理要点

（1）雏鸡舍高温区温度降低到 30℃。

（2）继续加强对鸡白痢、鸡球虫病的防治措施，饲料中可拌入抗球虫药物。

（3）观察鸡群，注意法氏囊病的先期表现，如果鸡突然大批伏卧垫料上，不吃不喝，啄肛现象严重，应首先考虑发生法氏囊病。

（4）带鸡消毒，每周两次以上。

（5）光照控制到 20 小时。

（6）将围栏扩大 1/3，增加鸡群活动面积。

六、雏鸡 22～28 日龄的饲养管理要点

（1）育雏舍温度保持在 28℃。

（2）坚持带鸡消毒，每周 1～2 次。

（3）扩大围栏一倍，更换料桶，改换中型饮水器。

（4）加强通风换气，保持育雏舍空气清新。

（5）注意法氏囊病发生，一旦发病立即用 21 金维他电解多维饮水，并尽快注射法氏囊—新城疫双免蛋黄或双抗血清，将鸡群损失降低到最低限度，并避免发生新城疫。

七、雏鸡 29～42 日龄的饲养管理要点

（1）育雏舍温度下降到 25℃。遇到狂风暴雨袭击时，适当提高 1～2℃，并在饮水中加入电解多维。

（2）加强通风换气，保持垫料干燥。

（3）光照控制在 18 小时以内或自然光照。

（4）称体重，对照品种标准，如普遍超标应提前更换饲料，如普遍低于标准，应继续使用雏鸡饲料，什么时候达到标准，什么时候更换饲料。

（5）做好转群工作，6 周龄后转到育成舍。

八、雏鸡早期死亡规律及其原因分析

雏鸡早期死亡多发生在 10 日龄前，雏鸡健壮和饲养管理正常时，1 周龄的死亡率不应超过 0.5%。其死亡原因有以下几方面。

(1) 种蛋来自非健康鸡群，经蛋直接传递疾病，如鸡白痢、霉形体等。

(2) 孵化过程中因卫生不良感染鸡胚，如脐炎等。

(3) 孵化条件掌握不当，使雏鸡脐部愈合不全。

(4) 雏鸡运输不当，使其体质削弱。

(5) 育雏条件掌握不好，造成死亡。

(6) 鼠害、机械性损伤致死。

第三节　育成期的饲养管理

育成期是指 43 ~ 140 日龄（7 ~ 20 周龄）的青年鸡，此期饲养管理的好坏，很大程度决定鸡在性成熟后的体质、产蛋性能和种用价值。

一、育成鸡的生理特点及要求

育成鸡机体各系统器官基本健全，采食量增加，生长旺盛，性器官发育迅速等。饲养中要注意保证鸡只的正常生长（如骨骼、肌肉等），防止过肥，控制性成熟，为使产蛋鸡开产日期整齐，高峰期到来早、持续时间长、产蛋率高打下基础。

二、育成鸡的营养需要

1. 对蛋白质和能量饲料的要求

高能量、高蛋白质的日粮，使鸡的脂肪过多，骨骼发育不良。低蛋白质日粮，可使骨骼发育良好。7 ~ 12 周龄鸡，日粮中粗蛋白质不应超过 16%，从 13 周开始，每周降 1%，降至 13% ~ 14% 为止，维持到开产期。

2. 对钙的要求

尽量喂含钙较少的日粮。在满足骨骼发育的前提下，应喂给含钙较少的日粮，锻炼鸡保留钙的能力。

3. 注意日粮中钙的平衡

为防止软腿病等发生，要注意日粮中钙的平衡，特别要注意保持维生素 A、维生素 D_3 的含量。

三、育成鸡的饲养管理要点

1. 育成鸡的选择

一般第一次初选在 6 ~ 8 周龄，对蛋用型鸡的要求是：体重适中，羽毛紧凑，体质结实，觅食力强，好动；第二次选择在 18 ~ 20 周龄，对低于平均体重 10% 以下的予以处理。

2. 逐渐换料

用一周的时间在育雏料中按比例每天增加 15% ~ 20% 的育成期料，直到全部换成育成期料。每周喂一次大沙砾，用量为 1 000 只鸡 2.5kg。

3. 调整饲养密度

平养时，按 15 ~ 10 只/m² 或 12 ~ 10 只/m²；笼养时，不超过 25 只/m² 或 16 ~ 15 只/m²。

4. 光照

育成鸡每天光照时间 10 小时逐渐缩短到 9 小时，以后维持到 8 小时至 16 周龄（原则是根据体重灵活掌握光照限度）。

5. 温、湿度与通风换气

适宜温度为 20 ~ 21℃，一般在 13 ~ 26℃；湿度在 40% ~ 70%，并做好通风换气，排除有害物质。

6. 称重

每两周称重 1 次，根据体重变化及时调整饲喂方法。

7. 限制饲养

在育成鸡段，为了控制育成鸡同步达到体成熟、性成熟，提高均匀度，应对 8 ~ 17 周龄的雏鸡进行限制饲养。一般将每天每只鸡的平均采食量限制到充分采食量的 80% ~ 90%。如体重符合标准要求，也可以不限制饲料。

8. 转群

在 18 周龄时，鸡群由育成舍转到产蛋舍，转群时最好在晚上进行，尽量避免或减少各种应激。

第四节 产蛋鸡的饲养管理

产蛋期是指 21 ~ 72 周龄的蛋鸡。此期饲养管理的好坏，直接关系到蛋鸡的产蛋率和产蛋高峰期持续的长短，从而影响到鸡群年产蛋量。

一、产蛋期的生理特点及要求

产蛋期的鸡体内激素分泌旺盛，生殖系统代谢性增强，营养物质代谢率升高，对光敏感，抗病能力降低。要求具有合理的生活环境，如光照、温度、相对湿度、空气成分等；合理的饲料营养；精心的饲养管理；严格的疫病防治措施。

二、产蛋期的饲养要点

产蛋期的饲养包括产蛋前期的饲养、高产期的饲养和产蛋后期的饲养 3 个阶段。

1. 产蛋前期的饲养

产蛋前至产蛋率 5%（21 ~ 24 周龄）时的蛋鸡为产蛋前期，此阶段是产蛋开始和上升及蛋鸡继续生长阶段，也是蛋鸡饲养的关键时期。由于大部分蛋鸡由非产蛋状态，突然转入产蛋状态，体内激素分泌不稳定，抵抗力下降，常出现产畸形蛋，带血蛋等，如果饲养管理不当，常会突然死亡。另外，由于产蛋率的直线上升，既要提供产蛋营养，也要提供生长营养，日粮的各种营养物质要求全价和平衡。

2. 产蛋中期的饲养

指 25～42 周龄的蛋鸡。这个阶段是产蛋迅速上升和产蛋高峰阶段，也是饲养蛋鸡效益最高时期。要求日粮不仅具备营养的全价性和平衡性，也要求日粮的营养浓度要高。一般日粮的蛋白质含量应在 16.5% 以上，代谢能也需要在 11.51MJ/mg 以上，维生素和微量元素均要高于其他产蛋阶段的日粮。

3. 产蛋后期的饲养

指 43～72 周龄的蛋鸡。该阶段产蛋率按每周 1% 左右下降，同时鸡的体重几乎不再增加。因此，日粮各营养物质要低于产蛋中期日粮各营养物质水平。此阶段要根据鸡的品系确定是否采用轻度限制饲喂的方法，有些品系如轻型白来航鸡采食量不大，又不至于在体内积累过多的脂肪，一般不进行限饲。有些品系如中型产褐壳蛋鸡，饲料消耗过多，要限制饲喂，否则，体内积累过多的脂肪，影响产蛋。通常在产蛋后期每隔 4 周抽测体重一次，根据体重情况，确定采用限饲或自由采食方法。对体重过大的来航鸡应少喂 6%～7% 的日粮，中型鸡少喂 10% 的日粮。限饲时只限制鸡的采食量和日粮的能量，日粮的其他营养不应减少。

三、产蛋期的管理要点

1. 光照

光照包括光照时间和光照强度。光照的主要作用是激发和增强母鸡的性腺活动，使母鸡的卵巢和输卵管等得以正常发育，处于繁殖和产蛋的状态。开产前增加光照时间和光照强度要与改换产蛋日粮相一致，通常在 20 周龄时，在增加光照的同时也改换产蛋鸡的日粮。母鸡开产后，光照只能延长，不能缩短，如果减少光照就意味着减少产蛋量。光照时间每天以 15～17 小时为宜；光照强度在 7.5～10lx，通常按每 0.37m² 的饲养面积用 1 瓦的白炽灯泡。

2. 饲养密度

厚垫料地面平养，轻型来航鸡 6.2 只/m²，中型蛋鸡 5.4 只/m²；网上平养，轻型来航鸡 10.8 只/m²，中型蛋鸡 8.6 只/m²。

3. 温度和湿度

适宜舍温 13～23℃，最适舍温 16～20℃，适宜的相对湿度为 60%～70%。

4. 舍内空气

进风口与出风口设置合理，保持舍内空气新鲜。一般要求舍内二氧化碳（CO_2）不超过 0.15%，硫化氢（H_2S）不超过 10mg/L，氨气（NH_3）不超过 20mg/L。

5. 环境

定时拾蛋，及时清粪，减少应激因素，保持良好安定的环境。

6. 四季管理

（1）冬季。防寒保湿。封闭北窗并加帘遮挡，加设取暖设备，并提高日粮能量水平 0.083 ~ 0.209MJ/mg，补充人工光照。

（2）春季。提高日粮营养水平（满足产蛋需要），搞好繁殖配种（如加大多维素用量），增加通风，做好卫生防疫，场内环境绿化。

（3）夏季。防暑降温，促进食欲。舍温控制在 27 ~ 30℃以下，提高日粮中的能量水平。场内植树，舍内或屋顶喷水，舍内安设水帘，纵向通风，保证充足的饮水。

（4）秋季。更新鸡群前淘汰不产蛋或早期换羽鸡。延长光照 1 ~ 2 小时。白天加大通风，降低湿度。饲料中适当投放药物预防。

第五节　蛋鸡常见疾病防治措施

一、鸡病的发生与传播

（一）鸡病发生的原因

鸡病发生的原因，一般可分为两大类：一是由生物因素引起的，这类疾病具有传染性；二是由非生物因素引起的，这类疾病一般没有传染性。

1. 生物性因素引起的疾病

由致病性生物引起的疾病，包括由病毒、细菌、支原体、真菌等引起的传染病及各种寄生虫引起的一些寄生虫病。

传染病是由病原微生物侵入鸡体，可以在个体或群体间传播的一类疾病。由病毒引起的疾病，如鸡新城疫、鸡流感、鸡传染性法氏囊炎、鸡马立克氏病、鸡痘、鸡减蛋综合征等；由细菌引起的传染病，如禽霍乱、鸡白痢沙门氏菌病、鸡传染性鼻炎、大肠杆菌病等。

寄生虫病是寄生虫侵入鸡体，不断吸取机体营养并不断地分泌毒素，扰乱鸡的正常生理功能，致使鸡体发生营养不良、贫血、消瘦，甚至死亡的一类疾病，如鸡球虫病、鸡组织滴虫病、鸡蛔虫病、鸡绦虫病等。

2. 非生物性因素引起的疾病

该病又称普通病，主要有营养代谢病、中毒病、消化系统病、泌尿系统病、外科病以及与管理因素有关的其他疾病。

（二）鸡病发生的特征

随着养鸡业饲养集约化的发展，鸡只之间接触频繁，加之病原的广泛存在，导致了鸡病的发生有着群发性、并发性、继发性和症状类同的一般特征。

1. 群发性

专业化饲养鸡群，鸡的来源一般是一致的，生产性能和抗病的能力基本接近，日粮供应、免疫程序和药物预防、饲养管理及其他外部条件完全一样，鸡只间距离小、密集、接触频繁，这些因素决定了鸡病发生的重要特征之一——群发性。尤其是传染病和代谢病，往往在很短时间内全群发生。

2. 并发性

由于鸡种的不断引进，新的疫病也随着引入，加之病原的种类繁多及广泛地存在，一旦鸡舍的周围环境消毒不严，很容易引起多种病原微生物或寄生虫同时侵入鸡体，使鸡只感染两种或两种以上的疾病。在诊断时，往往只注意一种有特征症状的疾病，而忽视了并发的其他疾病，从而贻误防治机会，造成很大的经济损失。

3. 继发性

当禽只患传染病、代谢病和寄生虫病时，由于精神不振，采食减少，机体抵抗力下降，一些在正常条件下不能致病的因素这时也能致病。且不仅仅是继发同类疾病，还常继发其他传染病、代谢病或寄生虫病。因此，在治疗某一种原发病的开始，就要采取有效措施，预防继发感染的发生。

4. 症状类同性

当禽发生疾病时，不同疾病在症状方面特异性差，类同性强。这就要在诊断时综合分析，充分应用病理解剖和实验室检等手段，以求得出正确的诊断。

（三）鸡病的传播

凡是由致病性生物引起的鸡病，都有一定的传染性。这类鸡病的传播必须具备 3 个基本环节：一是传染源，具体来说就是受病原微生物感染的鸡只，包括病鸡和带菌（毒）鸡，以及一些能带菌（毒）的鸟、鼠等。二是传播途径，指病原微生物由传染源排出后，经一定的方式再侵入其他易感动物所经的途径，如消化道、呼吸道等；空气、水、饲料、饲养管理用具、昆虫、其他动物及人类等，都可成为传播媒介。三是易感鸡体，指对某种传染病缺乏抵抗力的鸡群。

上述 3 个基本环节一旦联系起来，就构成了传染病的流行链，随着易感鸡群变为传染源这一过程的发展，传染源越来越多，传播面也越来越大。如果采取措施切断其中任何一个环节，传染病的流行均不能发生。

二、鸡病防治措施通则

一个养鸡场，要想预防和控制鸡病，必须认真采取一系列综合性防治措施。一方面要加强科学的饲养管理，搞好环境卫生，合理免疫接种，必要时投入药物预防等，以提高鸡的抗病能力；另一方面采取检疫、隔离、消毒等措施，并坚持贯彻下去，以降低或杜绝疾病的发生，减少经济损失。

（一）实行科学饲养管理

1. 鸡场的选择和布局

场址应选在高燥的地势，便于排水通风，远离蛋鸡产品收购点和加工厂，远离交通要道和人畜聚集的地方。

2. 建立严格的兽医卫生制度

（1）饮水卫生。一般要求饮用优质地下水，并定期测定水中大肠杆菌数量和固体物总量，前者每 100mL 不得超过 2 万个，后者不得超过 290mg/L。饮水消毒一般用漂白粉，配制方法是：将市售漂白粉（含有效氯 20% 以上）配成 1% 的漂白粉液，然后每公斤水加入 1mL 漂白粉液即可。

（2）饲料卫生。饲料的提供除了合理的全价要求之外，还要特别注意卫生，在收购、配制、储存、运输等环节中要防止污染、霉败、变质、生虫等。饲喂之前，应仔细检查。

（3）鸡舍卫生。鸡舍在做好清洁消毒的基础上，应保持良好的通风，并认真做好防鸟类、防昆虫、防鼠害和防人为污染的工作。鸡舍严禁外人进入，饲养人员应规定着工作服、穿工作靴，并严格消毒。

（4）鸡粪的无害化处理。鸡粪中含有多种微生物和寄生虫，必须无害化处理后才能出场作为肥料。

3. 按照蛋鸡的不同生长时期营养需要供应全价配合饲料

这不仅是保证所养蛋鸡正常发育和生产的需要，也是预防鸡病的基础。目前，鸡的饲料种类繁多，选择配方总的原则是：全价、适口、易消化、低成本。需要强调的是，所谓全价是根据不同用途、不同品种、不同生长阶段的营养需要全面考虑，加以配制。一次配制饲料量不宜过多，尤其是在夏季，最好现配现用。

4. 保证适宜温度和合理光照

温度和光照对保证蛋鸡的正常发育，增强体质促进代谢是至关重要的。尤其是雏鸡，温度过低就会诱发很多疾病，光照不足会引起钙的代谢障碍；温度过低和光照不足会直接降低产蛋率。保证适宜温度和合理光照，必须根据鸡的生长发育需要，在改变温度和光照时，应该遵守循序渐进的原则，不能猛增猛减，以防破坏鸡的生理平衡。

5. 建立经常观察和登记制度

饲养人员要对自己分管的鸡群经常的、仔细的观察和登记，尽早发现鸡病，把损失减少到最低限度。

观察的主要内容是：舍内温度、湿度、鸡的饮水和采食量，鸡群精神状态和被毛光泽，粪便的性状、颜色和气味，呼吸的动作和声音，对产蛋鸡要观察产蛋量，每天将观察情况进行登记，从中摸出规律。如果发现异常，应详细观察，落实到具体鸡只。如果采取预防或治疗措施，应详细登记用药时间、用药种类和剂量、给药途径，用药后的变化等。如果发现死鸡，应立即送检。

（二）预防接种

1. 预防接种的意义

预防接种也称免疫接种，是指将抗原（疫苗、菌苗）通过滴鼻、点眼、饮水、气雾或注射等途径，接种到鸡体上，这时鸡体对抗原产生一系列的应答，产生一种与特定抗原相对应的特异物质，称之为抗体，当再遇特定病原侵入鸡体时，抗体就会与它发生特异性结合，从而保障鸡只不受感染，也就是通常所说的有了免疫力。由此可见，预防接种的意义在于使易感鸡群变为不易感鸡群，从而减少疾病流行速度或避免鸡群发病。

2. 建立科学的免疫程序

要实现免疫程序的科学性，疫（菌）苗必须安全有效，接种途径必须正确，防疫时机适当。由于当地鸡病的情况不一样，各鸡场的鸡群抗体水平也不一样，因此，目前尚未有适合各个鸡场的通用免疫程序，所以，每个鸡场，都要制定适合本场实际的免疫程序。

3. 影响鸡群免疫的因素

鸡群的免疫防治措施是生产中十分重要的工作，是一项系统工程。免疫防治措施的效果受到多种因素的影响。

（1）鸡群的品种因素。疫苗接种的免疫反应在一定程度上是受品种控制的，因此，不同品种的鸡对疾病的易感性、抵抗力和疫苗的反应能力均有差异，即使同一品种不同个体之间，对免疫的反应也有强弱。

（2）鸡群的营养因素。饲料中的很多成分如维生素、微量元素、氨基酸等都与鸡的免疫能力有关，这些营养成分的缺乏与过量，都可导致鸡群的免疫功能下降，从而使疫苗接种达不到应有的免疫效果。

（3）环境因素。由于动物机体的免疫功能在一定程度上受到神经、体液、内分泌的调节，因此，鸡群处于一些应激状态，如过冷、过热、通风不良、潮湿、拥挤等，均会不同程度地导致机体的免疫反应下降。

（4）疫苗。疫苗是影响免疫效果的一个关键性因素，疫苗必须安全有效，并通过正确的使用，才能保证免疫效果。

（5）病原微生物的抗原变异性与血清型。许多病原微生物有多个血清型，甚至有多个血清亚型，若使用单一血清型疫苗常很难获得理想的免疫效果，因此，在生产上应考虑多价疫苗的使用。另外，一些病原的疫苗株与流行毒株在抗原性上存有差异，这也是影响免疫效果的因素。

4. 推荐免疫程序

（1）种鸡免疫程序（表 5 - 3）。

（2）蛋鸡免疫程序（表 5 - 4）。

表 5 - 3　种鸡免疫程序（仅供参考）

龄　期	接种的疫苗	接种途径
18 ~ 30 日龄	传染性法氏囊炎弱毒疫苗	点眼
20 ~ 25 日龄	新城疫（Ⅳ系或克隆 30）弱毒疫苗	滴眼鼻或气雾
26 ~ 30 日龄	传染性喉气管炎弱毒疫苗	点眼
7 周龄	传染性鼻炎弱毒疫苗	肌内注射
8 周龄	1. 新城疫（Ⅳ系或克隆 30）+ 传染性支气管炎（H52 等）二联弱毒疫苗 2. 新城疫 + 禽流感（H9 + H5 亚型）灭活疫苗	滴眼鼻或气雾 皮下注射或肌内注射
12 ~ 14 周龄	1. 传染性喉气管炎弱毒疫苗 2. 病毒性关节炎弱毒疫苗	点眼 饮水或肌内注射
16 周龄	1. 新城疫（Ⅳ系或克隆 30）弱毒疫苗 2. 传染性脑脊髓炎弱毒疫苗	点眼或气雾、饮水
20 ~ 21 周龄	病毒性关节炎、传染性脑脊髓炎、传染性鼻炎、传染性喉气管炎灭活疫苗	皮下注射或肌内注射

（续表）

龄　期	接种的疫苗	接种途径
22～23 周龄	1. 新城疫（Ⅳ系或克隆30）弱毒疫苗 2. 新城疫＋传染性法氏囊病＋减蛋综合征灭活疫苗 3. 禽流感（H9＋H5亚型）灭活疫苗	点眼或气雾 皮下注射或肌内注射 皮下注射或肌内注射
30 周龄	新城疫（Ⅳ系或克隆30）弱毒疫苗	点眼鼻、饮水或气雾
38 周龄	新城疫（Ⅳ系或克隆30）弱毒疫苗	点眼鼻、饮水或气雾
44～46 周龄	1. 新城疫（Ⅳ系或克隆30）弱毒疫苗 2. 新城疫＋传染性法氏囊病灭活疫苗 3. 禽流感（H9＋H5亚型）灭活疫苗	点眼或气雾 皮下注射或肌内注射 皮下注射或肌内注射
50～55 周龄	新城疫（Ⅳ系或克隆30）弱毒疫苗	气雾、饮水

表5－4　蛋鸡免疫程序（仅供参考）

龄　期	接种的疫苗	接种途径
1 日龄	马立克氏病疫苗（CVI－988或HVT）	皮下注射或肌内注射
1～7 日龄	1. 新城疫（Ⅳ系或克隆30）＋传染性支气管炎（H120等）二联弱毒疫苗 2. 鸡痘	滴眼鼻或气雾 皮肤刺种
8～20 日龄	传染性法氏囊病弱毒疫苗	饮水或滴入口中
10～15 日龄	1. 新城疫（Ⅳ系或克隆30）＋传染性支气管炎（H120等）二联弱毒疫苗 2. 新城疫＋禽流感（H9＋H5亚型）灭活疫苗	滴眼鼻或气雾 皮下注射或肌内注射
18～30 日龄	传染性法氏囊炎弱毒疫苗/双头份	饮水或滴入口中
20～25 日龄	新城疫（Ⅳ系或克隆30）弱毒疫苗	滴眼鼻或气雾
26～30 日龄	传染性喉气管炎弱毒疫苗	点眼
7 周龄	传染性鼻炎弱毒疫苗	肌内注射
8 周龄	1. 新城疫（Ⅳ系或克隆30）＋传染性支气管炎（H52等）二联弱毒疫苗 2. 新城疫＋禽流感（H9＋H5亚型）灭活疫苗	滴眼鼻或气雾 皮下注射或肌内注射
12～14 周龄	传染性喉气管炎弱毒疫苗	点眼
16 周龄	新城疫（Ⅳ系或克隆30）弱毒疫苗	点眼或气雾
20～21 周龄	1. 新城疫＋减蛋综合征＋传染性鼻炎＋传染性支气管炎灭活疫苗 2. 禽流感（H9＋H5亚型）灭活疫苗 3. 新城疫（Ⅳ系或克隆30）弱毒疫苗	皮下注射或肌内注射 皮下注射或肌内注射 点眼或气雾
30 周龄	新城疫（Ⅳ系或克隆30）弱毒疫苗	气雾或双倍饮水
38 周龄	新城疫（Ⅳ系或克隆30）弱毒疫苗	气雾或双倍饮水
46 周龄	1. 新城疫（Ⅳ系或克隆30）弱毒疫苗 2. 禽流感（H9＋H5亚型）灭活疫苗	气雾或双倍饮水 皮下注射或肌内注射
55 周龄	新城疫（Ⅳ系或克隆30）弱毒疫苗	气雾或双倍饮水

（三）药物预防

应用药物预防和治疗也是预防和控制疫病的有效措施之一。尤其是对尚无有效疫苗可用，或免疫效果不理想的一些细菌病或原虫病，如鸡白痢、禽霍乱、鸡败血支原体病和鸡球虫病等，在一定条件下用药物预防和治疗，可收到显著的效果。

（四）卫生消毒

严格消毒能杀灭外界环境中的病原体，是防止疾病发生的最重要措施之一。在现代化养鸡中，应引起对消毒的高度重视。

1. 环境的消毒

鸡场周围环境，每 2~3 个月用氢氧化钠液消毒一次，鸡场周围及场内污水池、排粪坑、下水道出口，每 1~2 个月用漂白粉消毒 1 次。在大门入口的消毒池，使用 2% 氢氧化钠液或其他消毒液消毒进出的车辆轮胎。

2. 人员的消毒

职工进入鸡场或生产区内必须脚踏消毒池，在更衣、换鞋后方可进入。工作服装和工作帽需每周洗涤，并用消毒剂消毒 1 次。

3. 鸡舍的消毒

（1）冲洗。先将鸡舍粪便清除后，用水彻底冲洗地面、墙壁、房梁上的尘土和粪污。

（2）喷洒消毒。经过冲洗后的鸡舍再用 2%~3% 氢氧化钠液或漂白粉溶液等进行喷洒消毒。

（3）熏蒸消毒。最后将鸡舍门窗关闭，再用甲醛液熏蒸消毒。一般每立方米空间用甲醛 25mL，水 12.5mL，高锰酸钾 12.5g。经过 8~12 小时后方可将门窗打开通风。消毒后鸡舍密闭 2 周后再使用。

4. 用具的消毒

蛋箱、蛋盘、孵化器、运雏箱等可先用 0.1% 的新洁尔灭溶液浸泡或洗刷，然后再在密闭的室内于 15~18℃下，用甲醛液熏蒸消毒 5~10 小时（每立方米容积用甲醛液 14mL，高锰酸钾 7g，水 7mL）。

5. 鸡体的消毒

在鸡舍里有雏鸡的情况下，对鸡体进行消毒，可用 0.1% 的新洁尔灭或百毒杀等消毒液，每天消毒一次，连用 3 天，隔 1 周再用。

（五）发生疫情时紧急措施

1. 隔离

当鸡场发生传染病或疑似传染病的疫情时，应将病鸡和疑似病鸡立即隔离，指派专人饲养管理。在隔离的同时，要尽快诊断，以便采取有效的防治措施。经诊断，属于烈性传染病的，要报告当地政府和兽医防疫部门，必要时采取封锁措施。

2. 消毒

在隔离的同时，要尽快采取严格消毒措施。消毒对象包括鸡场门口、鸡舍门口、鸡舍内道路及所有器具；垫草和粪便要彻底清扫，严格消毒；病死鸡要深埋或无害化处理。

3. 紧急免疫接种

当鸡场已经发病，威胁到其他鸡舍或鸡场时，为了迅速控制或扑灭疫病流行，要对疫区受威胁的鸡群进行紧急接种。紧急接种可以用免疫血清，但现在主要是使用疫苗。

4. 紧急药物治疗

对病鸡和疑似病鸡要进行治疗，对假定健康鸡的预防性治疗也不能放松。治疗的关键在确诊的基础上尽早实施或采取对症治疗，以控制疫病的蔓延和防止继发感染。

三、免疫方法及注意事项

1. 疫苗稀释时所需的水量（表 5 - 5）

表 5 - 5　疫苗稀释所需的水量

换种方法	家禽只数	不同周龄家禽需求量	
		0 ~ 4 周	5 ~ 8 周
滴鼻点眼	100	2.5mL	2.5mL
饮水	100	1L	1L
喷雾	100	50mL	100mL

2. 饮水免疫

（1）在饮水中开启疫苗小瓶。

（2）用清洁的搅拌器将疫苗与水混匀。

（3）应确保稀释后的疫苗在 2 小时内用完。

（4）应有足够的饮水器（不用金属饮水器）以确保每只鸡能有足够的饮水空间，器皿应洁净，不残留洗涤与消毒剂，应视天气情况决定鸡群在接种前应否停止饮水，一般要求免疫前 2 小时停止饮水。

（5）应使用清凉、不含氯与铁自来水或雨水，有条件的可在水中加入与水等量的新鲜牛奶或 0.2% 的脱脂奶粉可延长疫苗活性。

（6）在夏季炎热的日子里，应在清早时进行饮水法接种疫苗，勿让疫苗溶液暴露在阳光中。

（7）如鸡只数目介于两个标准剂量之间，应选择较高剂量。

3. 滴鼻点眼免疫

（1）将疫苗溶于生理盐水或蒸馏水中（灭菌）。

（2）使用滴瓶将 1 滴药液（0.025 ~ 0.03mL）自数厘米（0.5 ~ 1cm）之高处滴入眼睛或鼻孔里。

（3）使用滴鼻免疫时，应确保药液被吸入（可捏嘴促吸）。

（4）接种完毕，双手应立即洗净、消毒。

（5）剩余的疫苗连同疫苗空瓶等燃烧或煮沸破坏消毒。

4. 滴鼻点眼、口服（滴口）免疫的要求

（1）应先用小围栏围住 300 ~ 500 只鸡，密度不应太大，防止挤伤、压伤，免疫鸡与非免疫鸡严格分开，围栏要求牢固、严密，严禁鸡窜来窜去。

（2）冻干苗或湿苗按说明头份加蒸馏水稀释后滴鼻点眼各 1 滴（0.025 ~ 0.03mL/滴）要求先滴鼻后滴眼，等疫苗吸入后再放鸡（滴鼻时可捏住嘴促进吸收），口服每只鸡嘴内滴 2 滴。

（3）左手轻轻抓握鸡，并用中指与食指轻轻将鸡头部固定，滴瓶上的针孔距鼻孔或眼、嘴 0.5 ~ 1cm 高处滴入，严禁伤眼。

（4）小鸡轻抓轻放，尽最大可能减少应激，放鸡高度应小于 50cm 高，严禁乱扔（本来免疫很好，结果摔伤、肝破裂，死亡）。

5. 免疫接种注意事项

（1）了解免疫接种鸡群数量、日龄、计算及备妥所需疫苗的数量，并检查疫苗质量。

（2）了解接种日期，免疫种类及免疫前后注意事项。免疫前为减少应激，投服抗生素、电解多 V 等。免疫后 1 天停饮消毒剂及禁用庆大、氯霉素、磺胺、病毒灵，适当停食。

（3）准备足够的免疫器械及消毒药品：疫苗、滴瓶、灭菌蒸馏水、清洁饮水或生理盐水、消毒剂等。

（4）接种前对鸡群应进行观察了解，确认无病健康方可免疫。对疑似衰弱、病残鸡应先行隔离，采用缓免（即鸡病好后再免）免疫时应先行隔离，减少大群应激。

（5）所使用疫苗必须不过期、不失效、无瓶破裂，具有疫苗的特定性状（保持瓶内真空）。

（6）疫苗从冰箱取出后，自然升温 1 ~ 2 小时，稀释后的疫苗必须在 2 小时内用完（弱毒苗），油剂苗可在 24 小时内用完。

（7）免疫用的注射器、针头、滴瓶需煮沸消毒。

（8）疫苗空瓶及污染物应放炉中烧毁，或集中化学消毒处理。

四、常见鸡病的防治措施

（一）细菌性疾病

1. 鸡白痢

鸡白痢是由鸡白痢沙门氏菌感染雏鸡所引起的，以白色下痢和肝、肺出血性坏死等为特征的一种急性全身性感染。各种年龄的鸡均可感染，蛋鸡主要发生在 2 ~ 3 周龄的雏鸡，成年鸡很少发生。主要由成年带菌鸡经粪便污染饲料、饮水、环境、垫料、工具以及种蛋和孵化器等经消化道感染而传播。种蛋的垂直传播在本病的发生和流行过程中起很重要的作用。

主要症状：雏鸡虚弱、无食欲、突然死亡。多表现不愿走动，常宿聚一团，两翅下垂，嗜睡，姿势异常，排白色糨糊样粪便，肛门周围绒毛被白色和带绿色的粪便污染，有的因分辩与绒毛干结在一起，封住肛门，影响排粪，故病鸡排便时常发生尖叫声。有的可出现呼吸困难和跛行等，个别雏鸡还可见有关节炎、眼球炎、失明等，甚至神经症状。病死率可达40%~70%。耐过病的鸡生长发育不良，或转慢性病鸡或带菌鸡。

成年鸡无明显临床症状，多为隐性带菌鸡。母鸡的产蛋率和孵化率下降，死胚蛋数增多。少数病鸡精神委顿，鸡冠苍白，缩颈垂翅，食欲减少。有的病鸡发生卵黄性腹膜炎，腹膜增厚呈"垂腹"现象。

病理变化：急性死亡的雏鸡病变不明显。病程长的肝脏肿大、充血或有条纹状出血，表面有小的灰白色坏死灶。出血性肺炎，或有黄灰色结节和灰色肝变区。心肌、盲肠、肌胃等也可见坏死灶和结节。脾脏肿大，心包混浊，心外膜有灰白色坏死灶。卵黄吸收不全，盲肠内有干酪样物，即所谓"盲肠芯"。中雏除上述病变外，还可见心包炎，肝表面有小红点，肠道多呈卡他性炎症。成年鸡的病变主要在生殖系统，母鸡可见卵巢和输卵管有慢性炎症，卵子表面变形变色，其内容物呈油脂或干酪状，有的卵子破裂，引起广泛的腹膜炎。公鸡睾丸肿大，实质内有小脓肿或坏死灶。公母鸡均可见心包炎。

防治措施：

（1）采取严格的防疫制度，培育无白痢鸡群，防止病原菌的侵入是根本措施。鸡舍、育雏室的一切用具要经常清洗消毒，孵化器在种蛋入孵之前用甲醛气体熏蒸消毒，避免经蛋垂直传播。种鸡场应定期进行血清学检测，隔离或淘汰阳性带菌鸡，禁止从有病的或情况不明的鸡场引进雏鸡或种蛋、种雏。

（2）加强预防，对3周龄以下的雏鸡可在饲料中添加抗生素，如庆大霉素、土霉素及磺胺类药物等进行预防，可有效地防止发病和减少死亡。

（3）发生疾病应及时治疗，许多药物对鸡白痢都有一定的治疗和预防效果。如0.2%~0.4%的磺胺甲基嘧啶或磺胺二甲基嘧啶、0.05%~0.1%磺胺喹噁啉、土霉素、庆大霉素、卡那霉素、新霉素、诺氟沙星等均有较好的效果。在确定使用药物前，应先对分离细菌进行药敏试验。

2. 禽霍乱

又名鸡出血性败血病，简称出败。该病是由多杀性巴士杆菌引起的以发生剧烈下痢症状为特征鸡的一种急性接触性传染病。各种年龄的鸡都比较易感。发病率和高死亡率较高，多呈散发性或地方流行性，在夏末、秋冬流行较多。对养鸡业发展威胁较大。

主要症状：

（1）最急性型。常见于本病爆发的最初阶段。病鸡突然倒地拍翅，抽搐，迅速死亡。有的看不到症状，突然死在鸡窝内或栖架下。肥胖的鸡多发。

（2）急性型。病鸡表现精神沉郁，羽毛松乱，缩颈闭眼，弓背，头藏于翅下，食欲减退或废绝。由于发热，饮水增加，呼吸困难，口鼻流出黏液。常有腹泻，排出白色水样或绿色黏液、伴有恶臭的粪便。死前可见头、冠、肉垂发绀。病程一般几小时或数日。

病理变化：急性病例主要出现心包液增多，心冠和心内外膜有出血点和块状出血。肝脏肿大，有灰白色或黄白色小坏死点。十二指肠出血和淤血，肠内容物含有血液。肺充血并有出血和炎症变化。火鸡感染后的肺部病变更为严重。慢性鸡霍乱多与其局部感染的部位有关，常见于呼吸道，如窦和气骨等。另外，有关节炎、头部水肿、中耳炎、输卵管炎和脑炎等。

防制措施：

（1）平时应加强饲养管理，制定严密的卫生防疫计划，做好栏舍和用具的消毒工作，减少应激刺激。引种时要严格检疫，防止将病菌直接或间接地带入健康鸡群。

（2）在鸡霍乱流行的地区，应进行定期免疫接种。有多种菌苗可供选用，包括活菌如731、833、G190、E40等和多种不同的灭活苗，如油乳剂苗、蜂胶苗等，效果较好。

（3）对病鸡可用磺胺二甲基嘧啶、敌菌净、磺胺噻唑、青霉素、土霉素、大观霉素等药物治疗。

3. 鸡伤寒

鸡伤寒，又名传染性白血病、禽伤寒、伤寒等。是由鸡沙门氏菌感染所引起，多发生于成年鸡和青年鸡的一种全身性、急性败血性传染性疾病，以肝、脾等实质器官的病变和下痢为特征。死亡率中等或很高。

主要症状：幼雏表现的症状与鸡白痢很相似，主要表现为虚弱，生长不良，嗜睡，无食欲，泄殖腔周围粘有大量的白色粪便，后期呈黄褐色。鸡冠发紫、萎缩。有些有呼吸困难和打嗝儿声等。如种蛋带菌则可在出雏器中见到死雏和死胚蛋。成年鸡和育成鸡主要表现头部（冠、肉髯）苍白，冠和肉垂萎缩，腹泻，排出黄绿色稀粪，渴欲增加，频繁饮水，病程约1周，病死率为5%～30%。

病理变化：雏鸡伤寒的病变与鸡白痢相似，在肺、心肌和肌胃有灰白色小坏死灶。育成

鸡的病变表现为贫血，血液稀薄，肝脏具有特征病变，肝脏肿大并染有胆汁，呈青铜色或绿色。胆囊胀满，脾、肾肿大，实质器官有粟粒样坏死灶，小肠前段有卡他性炎症并伴有溃疡。肌胃也有灰白色坏死灶。心包发炎积水，有纤维素样渗出物，有的发生粘连，心肌上有灰白色粟粒状病灶，腹膜内有纤维素样渗出物。母鸡卡他性肠炎，肠道黏膜溃疡。卵黄囊出血、变形和色泽不正，呈灰黄和浅棕色。卵子出血、变形，色彩异常，常见卵黄性腹膜炎，公鸡睾丸肿大并有坏死灶。

防治措施：

（1）治疗。与鸡白痢基本相同。较常用的药物有磺胺噻唑、磺胺甲基嘧啶、磺胺二甲基嘧啶和磺胺喹恶啉等；抗生素类有土霉素、金霉素等。喹诺酮类药物，如盐酸环丙沙星可溶性粉和乳酸诺氟沙星等药物，对本病的治疗效果显著，且无抗药性。

（2）预防。加强环境消毒，严格处理粪便，杜绝病原菌的侵入和扩散。对鸡群特别是种鸡群，要定期进行血清学监测，及时淘汰病鸡和带菌鸡，净化鸡群。也可口服光滑型或致弱型菌苗预防接种。

4. 鸡大肠杆菌病

鸡大肠杆菌病是由致病性大肠埃希氏杆菌不同血清型引起鸡的一种传染病，雏鸡及4月龄以下的鸡易感性高。主要经粪便污染的蛋、呼吸道和泄殖腔感染。鸡感染后，可引起败血症、肉芽肿、腹膜炎、输卵管炎、滑膜炎、脐炎和气囊炎等多种疾病，统称大

肠杆菌病。

主要症状：根据症状和病变临床上可分为大肠杆菌败血症、卵黄性腹膜炎、输卵管炎、全眼球炎、肉芽肿等多种病型，但以大肠杆菌败血症为多见。

（1）大肠杆菌败血症。多发生于雏鸡和4月龄以下的青年鸡，精神委靡、缩头闭眼，饮水增多，采食减少，有的腹泻，排绿色稀粪，有的临死前出现仰头、扭头等神经症状，陆续死亡。死亡率一般为1%～7%。

（2）气囊炎。多发生于5～12周龄的鸡，6～9周龄为发病高峰，大肠杆菌侵入呼吸道，在气囊中增殖，病鸡表现咳嗽和呼吸困难。感染蔓延到内脏器官引起心包炎、肝周炎、卵黄性腹膜炎、气囊炎等。

（3）卵黄性腹膜炎。可由气囊炎发展而来，也可由慢性输卵管炎引起。主要发生在产蛋期的母鸡，病鸡精神委顿，食欲减少或废绝，肛门周围的羽毛黏着蛋白或蛋黄状物，排泄物中含有黏性蛋白状物及黄白色碎块或凝块。

（4）眼球炎。多是由于鸡舍内大肠杆菌密度过高引起的，大多是一侧眼发炎，表现为眼睑肿胀，不能睁开，眼内蓄积脓性渗出物，角膜浑浊，失明。

（5）肠炎。是大肠杆菌病中最常见的病型，可见患鸡下痢，并带有黏液或血液。

病理变化：大肠杆菌败血症，解剖时常可闻到特殊臭味，见到纤维素性心包炎，特征病变是肝呈铜绿色，有的肝脏表面有小白色病灶。胸肌充血。发生输卵管炎时，输卵管变薄，管内充满恶臭干酪样物，腹膜发炎。发生大肠杆菌肉芽肿时，病变似结核。发生肠炎时，肠黏膜充血、增厚，严重者血管破裂出血，形成出血性肠炎。有一些病毒感染后，继发大肠杆菌急性感染，造成头部肿胀，即肿头综合征。

防治措施：

（1）搞好环境卫生消毒工作，严格控制饲料、饮水、用具的卫生和消毒，做好各种疫病的免疫。严格控制饲养密度，做好鸡舍通风换气，定期进行带鸡消毒。

（2）定期给鸡群投喂乳酸菌等生物制剂，对预防大肠杆菌病有很好作用。用本场分离的致病性大肠杆菌制成的油乳剂灭活苗免疫本场鸡群，对预防大肠杆菌病有一定的作用。需进行两次免疫，第一次为4周龄，第二次为18周龄。也可用于雏鸡的免疫。

（3）对病鸡可用抗生素或磺胺类药物治疗，常用的有庆大霉素、氨苄青霉素、卡那霉素、链霉素、土霉素、先锋霉素及复方新诺明等。但用药时要注意观察疗效，疗效不显著要及时换药。

5. 鸡葡萄球菌病

鸡葡萄球菌病是由金黄色葡萄球菌或其他葡萄球菌感染所引起的一种环境性传染病。本病主要发生于肉仔鸡、笼养鸡及饲养条件较差的鸡。以病鸡的关节炎或皮肤发生水疱性炎症为特征。

主要症状：

（1）急性败血症型。主要表现为精神不振，食欲减退或废绝，不愿走动，常呆立一处，两翅下垂，闭目缩颈，羽毛粗乱，体温升高，继而出现极度沉郁和死亡。有的表现有腹泻，排出灰白色或黄绿色稀粪。胸腹部甚至嗉囊周围、大腿内侧皮下水肿，潴留数量不等的血样渗出液体，外观呈紫色或黑紫色并有波动感，局部羽毛脱落或用手一摸即可脱掉。皮肤破溃后流出褐色或紫红色的液体，使周围羽毛又湿又脏。局部发炎、坏死或干燥结痂（呈暗紫色）。病鸡多在 2～5 天内死亡。

（2）慢性关节炎型。多个关节发生炎性肿胀，局部紫红色或紫黑色，破溃后形成黑色的痂皮，有的出现趾瘤。多发生跛行，不能站立，逐渐消瘦，最后衰竭死亡。

（3）脐炎型。病雏腹部膨大，脐孔发炎、肿胀、潮湿，局部呈黄色或紫黑色，触之质硬。

病理变化：败血型病鸡，其肝、脾、肾脏等内脏器官发生充血和坏死。关节炎型病例可见关节囊内有多少不等的浆液，或黄色脓性或浆液性纤维素渗出物，关节软骨出现糜烂，易脱落，脱落后骨顶端可见灰色粗糙的溃疡灶。病程长的慢性病例，关节囊内渗出物变成干酪样物。坏疽性皮炎的病例，背部皮肤发黑，有捻发音，皮下见有黑色渗出物浸润。肺型病例肺部可见淤血、水肿和肺实变等病变，甚至可见到黑紫色坏疽样病变。

防治措施：

（1）加强鸡舍管理，减少外伤机会的发生，增强鸡体的防御机制。一旦发现本病，应尽早确诊，并立即进行淘汰和隔离，对鸡舍内外及用具进行严格的清洗和消毒。

（2）坚持做好种蛋的消毒、孵化用具和孵化过程中的消毒工作，以减少胚胎感染和雏鸡发病。

（3）很多抗生素都可用来治疗金黄色葡萄球菌感染，但该菌对抗生素普遍存在耐药性。因此，在治疗前有条件的最好进行药敏试验。有效的药物主要有：庆大霉素、卡那霉素、青霉素、链霉素、四环素、新生霉素、林可霉素、大观霉素和磺胺类药等。目前，较为常用的是喹诺酮类药物，如环丙沙星、诺氟沙星和恩诺沙星等多种制剂，效果较好，而且不存在耐药性的问题。

（4）目前，可用油乳剂苗和氢氧化铝苗进行免疫预防，效果较好。

6. 鸡坏死性肠炎

鸡坏死性肠炎，也叫鸡肠毒血症、烂肠病。是由魏氏梭菌于感染鸡的肠道内生长繁殖并产生毒素而引起的，以小肠黏膜坏死和急性死亡为特征的急性非接触性传染病。以 2～6 周龄的地面平养鸡多发，其特征是小肠后段黏膜坏死，排出带血的黑色粪便。

主要症状：病鸡表现最明显的是精神委顿，食欲减退，不原动，腹泻以及羽毛蓬乱。常呈急性死亡，临床经过极短。粪便呈黑色，有时染有血液。死亡率 5%～50%。

病理变化：肉眼变化主要限于小肠，尤其是空肠和回肠，部分盲肠也可出现病变。肠壁增厚、脆弱、充血，肠腔扩张、充满气体。肠黏膜水肿、充血，并附有疏松或致密的伪膜，伪膜外观呈黄色或绿色。肠腔内有出血性物质，肠壁常有出血斑点，但出血并不是主要特征。肝脏充血并有界线清晰的坏死灶，直径 2～7mm。

防治措施：

（1）加强鸡舍内外环境卫生管理，及时清理垫料、粪便，注意衣物、用具、饮水和带鸡的消毒，重视改善饲料质量和原料品质。在饲料中添加各种抗生素和化学药物以预防。发现病鸡，应及早隔离、治疗或淘汰，消灭传染源。

（2）各种抗生素均具有减少粪便中魏氏梭菌的作用，因此，鸡群发病后，应首先对分离到的细菌进行药物敏感试验，然后根据结果选择适合的药物进行治疗，方能取得较好的效果。常用的抗生素主要有：土霉素、泰乐菌素、青霉素、氨下青霉素、杆菌肽以及各种磺胺类药物等。

7. 鸡链球菌病

鸡链球菌病是一种急性败血症或慢性接触性传染病，主要通过消化道或呼吸道感染，也可通过损伤的皮肤和黏膜感染。各种应激因素，如气候变化，温度偏低，潮湿拥挤，饲养管理不当等，常可成为本病发生的诱因。以昏睡、持续性下痢和全身败血症的病变为特征，死亡率可达50%。

主要症状：鸡链球菌病在临床上表现为急性和慢性两种病型。急性型病鸡表现为败血症的特征，可见病鸡突然发病，精神委顿，嗜睡或昏睡，食欲下降或废绝，羽毛粗乱，呼吸困难，持续下痢，粪呈淡黄色，鸡冠与肉垂苍白或发紫。成年鸡发病产蛋率下降或停止等。亚急性、慢性型主要表现精神沉郁，食欲下降，病鸡消瘦，冠和肉垂苍白，跛行和头部震颤，最后消瘦死亡。经蛋传播或入孵蛋被粪便污染时，可造成胚胎后期死亡以及未破壳蛋的数量增多。

病理变化：急性感染的病变特征是脾脏肿大，肝脏肿大，表面有1cm左右大小、红色、黄褐色或白色的坏死点，肾肿大，龙骨部皮下组织及心包囊有积液，呈红色，腹膜炎。若孵化过程中发生感染，常见到脐炎。慢性感染的肉眼病变包括纤维素性关节炎和腱鞘炎、输卵管炎、纤维素性心包炎和肝周炎、坏死性心肌炎、心瓣膜炎。病变组织以革兰氏染色，可见栓塞的血管内和坏死灶中有革兰氏阳性细菌堆积。

防治措施：

（1）鸡一旦发病，应立即给药。急性和亚急性感染可选用青霉素、庆大霉素、新生霉素、杆菌肽锌或磺胺类药进行治疗。青霉素与庆大霉素合用，效果更好

（2）预防本病须从减少应激因素着手，加强饲养管理，增强体质，提高机群抗病能力，同时注意做好鸡舍环境的消毒工作，均能降低链球菌的感染机会。

8. 鸡曲霉菌病

鸡曲霉菌病，又称曲霉菌性肺炎、真菌性肺炎。是由多种真菌混合，特别是肺曲霉菌所引起的一种以肺部和气囊感染为主的一种传染病。其特征是出现呼吸道炎症。

主要症状：发病以1～3周龄为多见，主要症状为呼吸突然加速，伸颈张口喘气，眼鼻流液，有甩鼻表现；有的眼睑肿胀，分泌物增多，日龄较大的雏鸡，角膜中央常形成一些溃疡，形成白翳，故又称为"白眼病"；有时可见到脑炎包括斜颈和失去平衡。同时出现全身症状，如病鸡不食，消瘦，后期发生腹泻，病程2～3天，死亡率可达50%。

病理变化：肺部、气囊和胸腹腔中可出现一种从针头或小米到豌豆般大小不等的灰白或淡黄色结节，柔软而有弹性。有时在肺、气管、支气管和腹腔，出现肉眼可见的菌丝团。有时肠浆膜上和肝实质中发现单独的结节。

防治措施：

（1）对本病目前尚无特效的治疗方法。对患病个体，通常认为没有治疗价值，应该捕杀，并消除传染源。据报道在此病爆发时，以1：3 000硫酸铜溶液或0.5%～1%

碘化钾饮水，或用制霉菌素，剂量为每 100 只雏鸡一次用 50 万单位，每日 2 次，连用 2~4 天，对防治措施本病有一定效果。

（2）避免使用发霉的垫料或饲料是防止曲霉病的主要措施，垫料要经常翻晒，妥善保存，尤其是阴雨季节，防止真菌繁殖。种蛋、孵化器及孵化厅均按卫生要求进行严格消毒。

9. 鸡慢性呼吸道病

鸡慢性呼吸道病是由鸡败血霉形体引起的一种接触传染性呼吸道传染病。本病一年四季都能发生，但以冬春寒冷季节较为严重。1~2 月龄的雏鸡特别是纯种鸡最易感，发病率和死亡率都高。以呼吸时发出啰音、咳嗽、流鼻涕和窦部肿胀为特征，多呈隐性经过，发展较慢，病程较长，故称为鸡慢性呼吸道病。

主要症状：感染潜伏期 4~21 天，典型症状是先流出浆液性或黏液性鼻液，鼻孔周围和颈部羽毛常被污染。其后炎症蔓延至下呼吸道时，使呼吸困难，出现张口呼吸、咳嗽和啰音，病鸡食欲缺乏，生长停滞，逐渐消瘦。继之发生鼻炎、窦炎及结膜炎，鼻腔和眶下窦中蓄积渗出物，眼睑肿胀，眼部突出如肿瘤状，一侧或两侧眼球受到压迫，发生萎缩和造成失明。产蛋鸡感染本病多呈隐性经过，仅表现产蛋率降低，孵化率下降，新孵出的雏鸡增重受影响。本病经常与大肠杆菌合并感染，相应的症状则表现为发热、下痢等。

病理变化：主要是鼻道、气管和支气管及气囊内有黏性或干酪样渗出物，气囊膜混浊、增厚，透明度降低，有黄白色的豆渣样渗出物，并常有芝麻至黄豆大的结节，有时个别结节大如核桃。严重病例，可见纤维素性或纤维素脓性的肝周炎，心包充血、出血。有的鼻腔中有淡黄色恶臭的黏液，肺炎性充血。

防治措施：

（1）对发病鸡群可使用环丙沙星、氟哌酸、链霉素、土霉素、四环素、红霉素、卡那霉素、庆大霉素、新霉素等药物治疗。霉形体容易产生抗药性，长期使用单一的药物，往往效果甚微或完全无效。为此使用时用药量一定要足，疗程不宜太短，一般要连续用药 3~7 天。同一鸡群也不要长期使用单一种药物，最好是几种药物轮换或联合使用。

（2）预防本病的最根本措施是设法建立没有本病的"净化"种鸡群。对污染的生产鸡群普遍接种鸡霉形体油乳剂灭活苗，对 7~15 日龄雏鸡颈背部皮下注射 0.2mL，成鸡颈背部皮下注射 0.5mL，平均预防效果可达到 80% 左右，免疫期为 5 个月。

（二）病毒性疾病

1. 新城疫

新城疫俗名鸡瘟，是由病毒（副黏病毒属）引起的急性传染病，本病一年四季均可发生，各种年龄和品种的鸡均可感染，发病率和死亡率在 90% 左右。

主要症状：潜伏期一般为 2~7 天。病初体温升高（达 44℃），精神委顿，食欲下降，嗉囊充气或酸液，口腔积黏液，常甩头发出"咯咯"声，排绿色稀便。2~3 天后大批鸡只死亡，10 天左右死亡率渐少。没死的鸡出现神经症状，头颈部扭曲、抽搐或麻痹等。产蛋鸡群发病时，产蛋量大幅度下降，软壳蛋数量增多。

近年来，在免疫鸡群中常见非典型新城疫发生，这是由多种因素造成的鸡群免疫力不均衡所致。育雏、育成阶段鸡主要表现呼吸道和精神系统症状；蛋鸡主要表现产蛋量减少，软壳蛋和小蛋数量增多。一般死亡不太严重，死鸡病变也不典型或不明显。

病理变化：全身出血素质，嗉囊内充气或充满酸臭、混浊的液体，黏膜糜烂和浅溃疡。腺胃乳头呈环状充血或出血。腺胃口和腺胃与肌胃交界处的黏膜有时见出血、坏死。肌胃黏膜皱襞充气或出血。十二指肠、回肠可见枣核形出血、坏死溃疡灶。盲肠扁桃体肿胀、出血、坏死。直肠和泄殖腔黏膜充血、出血。产蛋鸡卵泡充血、出血明显。在卵泡顶部出现出血沟或疤痕。

防治措施：严格执行综合防疫措施，加强饲料管理是防止疫病发生的基础；制定合理的免疫程序并认真执行，可使鸡群保持高度、持久一致的免疫力。注意其他疫病（如传染性法氏囊病、鸡马立克氏病、鸡白痢、慢性呼吸道病）的防治，以提高免疫效果。鸡场发生疫情时，采取以下措施。

（1）加强隔离、消毒，尸体采取烧埋处理。

（2）可施行紧急免疫接种。

（3）适当投药，预防继发感染，注意：紧急免疫前后24小时不能用西药。

2. 传染性法氏囊病

本病是幼鸡的一种急性病毒性传染病，主要侵害鸡的体液免疫中枢器官——法氏囊，不同品种的鸡均可感染发病，高发日龄在20~60日，特别是30日龄左右多见。其特征是突然病，呈尖峰式发病和死亡曲线，当有继发感染或合并感染时，死亡率可超过40%。如无继发症，发病后6~7天自然停止死亡，疫情趋于平稳。鸡场一旦爆发该病，以后每批雏鸡均可感染发病。

主要症状：潜伏期2~3天。病鸡精神萎靡不振，瘫卧，震颤，排米汤样稀便，迅速脱水，眼球凹陷，衰竭而死。

病理变化：病死鸡皮下干燥，胸肌和两腿外侧肌肉出血，呈涂刷状（与新城疫不同之处）。法氏囊肿大、发黄，浆膜下水肿、出血。囊腔黏膜出血，腔内充满混浊的黏液或干酪样渗出物。病愈后鸡的法氏囊萎缩、变小甚至消失。肾脏肿大、苍白，小叶灰白色，有尿酸盐沉积。腺胃黏膜出血或腺胃乳头环形出血。日龄过小或日龄较大的鸡群发病时，病变较轻或不典型，肌肉出血不明显。

防治措施：做好种鸡群的免疫接种（用油乳剂灭活苗），使雏鸡具有较高的母源抗体；雏鸡阶段用两次弱毒苗免疫，根据母源抗体水平高低决定首免时间。发病后病鸡群可用高免蛋黄匀浆注射，能大大减少死亡。同时，加强消毒、隔离，饲料密度要适当。为防止继发感染，可用抗生素、电解多维等药物，同时，辅以肾肿解毒药。

3. 传染性支气管炎

本病俗称"鸡传支"，是由冠状病毒引起的急性、高度接触性传染病。一年四季均可发生，以冬季为多。各种年龄的鸡均易感，多发生在1~5周龄，也见于10周龄以内的鸡，发病率高，死亡率达40%~60%。病鸡和康复后带毒鸡是主要的传染源。病毒存在于呼吸道分泌物、肾脏和法氏囊内，经呼吸道、被污染的饮水、垫料等传播。临床上分呼吸道型和肾型两种类型，近年来肾型传支危害更大。

主要症状：突然出现呼吸道症状，以咳喘为主要特征，伸颈张口呼吸，打喷嚏和气管罗音。病雏怕冷，相互拥挤在一起，饮食和体重减少，鼻窦肿胀，流黏液，眼多泪，发病率高达 95%～100%，死亡率达 25%～40%，5～6 周龄以后发病时症状较轻。蛋鸡产蛋量下降 25%～50%，产畸形蛋、软壳蛋、沙皮蛋，大小不等，蛋白稀薄如水，蛋黄与蛋白分离。肾型传支拉灰白色粪便，严重脱水，爪干枯。目前多见呼吸道和肾型传支并发。

病理变化：主要病变在呼吸道。在鼻腔、气管、支气管内，可见有淡黄色半透明的浆液性、黏液性渗出物，病程稍长的变为干酪样物质并形成栓子。产蛋母鸡卵泡充血、出血或变形；输卵管短粗、肥厚，局部充血、坏死。雏鸡感染本病则输卵管损害时永久性的，长大后一般不能产蛋。肾病变型支气管炎除呼吸器官病变外，可见肾肿大、苍白，肾小管内尿酸盐沉积而扩张，肾呈花斑状，输尿管尿酸盐沉积而变粗。心、肝表面也有沉积的尿酸盐似一层白霜。有时可见法氏囊有炎症和出血症状。

防治措施：

（1）预防。疫苗接种。

（2）治疗。可使用抗生素降低并发感染，还可使用电解多维辅助治疗。

4. 传染性喉气管炎

传染性喉气管炎是由疱疹病毒引起的急性高度接触性传染病。主要发生于成年鸡，发病率 30%～50%，死亡率一般在 10%～20%，一年四季均可发生，传染迅速。鸡群接种疫苗后，可散毒，污染环境，病鸡和带毒鸡是主要传染源，经呼吸道和眼内感染。本病由于造成明显的呼吸困难致死及蛋鸡产蛋量显著下降，给养鸡业带来很大损失。

主要症状：潜伏期 6～12 天。病鸡精神沉郁，呼吸困难，每次呼吸均有向上向前伸头、

张口动作，并伴有喘鸣声，咳嗽，甩头，甩出带血的渗出物。检查口腔，见喉裂处有干酪性渗出物栓塞。鸡群产蛋下降约 12%，病程一般 10～14 天。病后产蛋恢复较慢。30～40 日龄鸡发病时症状较轻，多见结膜炎，流泪，眼有泡沫样分泌物；重者眼肿、失明，鼻腔有浆液性分泌物。

病理变化：喉头、气管黏膜肿胀、充血、出血，甚至坏死；喉头和气管上段被黄白色干酪性渗出物堵塞，造成全身各器官组织严重淤血。

防治措施：

（1）预防。未发生本病的鸡场不宜接种疫苗，平时注意鸡场通风和清洁卫生及合理的饲养密度。

（2）治疗。发病后严格消毒，隔离措施。可用抗生素治疗，防止继发感染等。

5. 减蛋综合征

减蛋综合征是由腺病毒引起的病毒性传染病。病鸡和带毒鸡是传染来源，一方面是经蛋垂直传播，也可通过精液和病鸡的分泌物、排泄物水平传播，经消化道感染。各种日龄的鸡均可感染，但幼鸡不表现症状。通常在 26～32 周龄时发病，病程持续 6～9

周。产褐壳蛋的红羽鸡比产白壳蛋的白羽鸡敏感，白羽鸡很少发病。

主要症状：无明显临床症状，偶见精神、食欲稍差，轻度腹泻；主要表现产蛋量下降30%～50%，蛋壳变浅、薄壳、软壳、无壳蛋及沙皮蛋显著增多，鸡蛋大小不等，奇形怪状。蛋白稀如水，不成冻状，卵黄淡而混浊，有时蛋中混有血液。种蛋孵化率低，弱雏增多。劣质蛋占15%～25%，破损率比正常增加1～3倍。

病理变化：一般无明显变化。偶见病鸡卵巢萎缩、充血，输卵管、子宫黏膜水肿，腺体萎缩。

防治措施：淘汰阳性鸡，培育健康鸡群，不从病鸡场进鸡，严格执行卫生消毒制度。100～110日龄青年母鸡接种减蛋综合征油苗能获得良好的免疫效果。发病后做好严格消毒工作，可用抗生素治疗，防止继发感染。

6. 禽流感

禽流感是一种急性、高度接触性传染病，一年四季都可发生，但以冬春季节较为严重。各日龄的鸡均易感，但以40日龄左右的肉鸡、产蛋高峰期的蛋鸡和种鸡较常发。

主要症状：家禽感染后，会由于禽流感病毒毒力不同、鸡的品种和健康状况表现出极为复杂的症状。典型症状是头、面部水肿，冠、肉垂肿胀、暗紫色，结膜发炎，鼻孔流黏液或带血的分泌物。一般会出现不同程度的呼吸道症状，腹泻（黄绿稀便），蛋鸡产蛋率下降20%～50%，严重的可从90%下降至20%以下，甚至停产。产蛋下降的同时，软壳蛋、退色蛋、白壳蛋、沙壳蛋、畸形蛋明显增多。产蛋恢复需10～60天，当出现大量死亡、头部水肿，鸡冠和肉垂淤血，呈紫黑色，一侧或两侧肉垂增厚变硬，腿上无毛处及脚鳞片间出现血斑等症状时应重点怀疑高致病性禽流感感染。

病理变化：该病无特征性肉眼可见的病理变化，与新城疫很难区分。但有时可看到全身性出血病变，如气管充血、出血，气管第一分支的两侧支气管内塞满黄色干酪物，腺胃黏膜和乳头出血，十二指肠黏膜出血，输卵管严重出血，胸肌、腿肌、心外膜、颅骨出血，胰脏常有灰白色坏死点，出现典型的腹膜炎，有大量的干酪样渗出物等。

防治措施：预防禽流感主要在于消毒、切断传播途径，高致病性禽流感一旦发生，应立即采取封锁和扑灭措施，杜绝病原扩散，全场进行无害化处理。中等毒力以下的禽流感发生时，在采取隔离、封锁的情况下，可根据具体情况采取一些治疗措施，以防继发感染造成大量死亡，加快病禽恢复。饲料中要增加多维素用量，还可适当添加安乃近等。

7. 鸡痘

鸡痘是由鸡痘病毒引起的一种高度接触性传染病。本病一年四季都能发生，以夏、秋季节发病率最高。

主要症状：本病有皮肤型、黏膜型、混合型几种。皮肤型表现为冠、肉髯、喙角、眼皮、耳、腿、泄殖腔等处产生灰白色小结节，表现凹凸不平。有时许多结节连成一片，融合成厚痂皮。黏膜型（又称白喉型）表现多眼睑肿胀，口腔、咽喉等处引起黏膜痘疹，形成假膜（痂皮），往往表现吞咽困难，甚至窒息而死。混合型即表现为皮肤和黏膜均受侵害。

防治措施：本病无特效药治疗，可根据各地情况及发病季节，做好疫苗接种，平时注意环境卫生消毒工作。

（三）寄生虫性疾病

1. 鸡球虫病

鸡球虫病又称艾美尔球虫病，是由艾美尔球虫寄生于肠上皮细胞引起的一种内寄生虫性疾病。该病通常在雨水较多、气温在 22～30℃ 的春夏季多发。主要通过消化道传播，常发生于 3 月龄以内的雏鸡，15～45 日龄内最易感染，发病率和死亡率均很高。以出血性肠炎、血痢、雏鸡的高度发病率和死亡率为特征。对养鸡业危害较为严重。

主要症状：病雏精神萎靡，喜欢拥挤，羽毛松乱，头颈卷缩，闭眼呆立，病雏下痢，排出混有血液甚至全血的稀粪。食欲缺乏，渴欲增加，嗉囊充满液体。后期食欲废绝，两翅下垂，运动失调，倒地痉挛死亡。多数病鸡于发病后 6～10 天内死亡，雏鸡的死亡率达 50% 以上，严重时可达 100%。3 月龄以上的中雏及成年鸡感染后多为慢性型。病鸡表现食欲缺乏，间歇性下痢，有时粪便中混有血液，逐渐消瘦，贫血，中雏发育迟缓，成年鸡产蛋率下降，病程长达 1～2 个月。

病理变化：急性病例盲肠肿大，比正常大几倍，呈棕红色或暗红色，质地坚实。盲肠内粪便干硬，混有血液及干酪样物。盲肠壁肥厚，黏膜弥漫性出血。慢性者小肠壁肥厚，黏膜上有白色粟粒大结节，有时可见出血斑。

防治措施：

（1）加强饲养管理，坚持每天清扫鸡粪，并进行生物热处理。成年鸡和雏鸡要严格分群、分舍饲养。饲养人员及用具要固定，防止流动传播本病。饲料和饮水要保持清洁，雏鸡应给予富有营养的饲料，要保证蛋白质及维生素 A 和维生素 K 的供给。在温暖多雨季节，要特别注意保持鸡舍干燥，通风良好，鸡舍雏鸡的密度也要适宜。

（2）预防和治疗鸡球虫病的药物较多，可根据具体情况选择使用。如果一种药物使用不见效或效果不理想时，则应立即更换药物。较常用的有以下几种：氨丙啉 125～240mg/kg 饲料，混饲给药，连用 7 天，然后再以半量喂饲 14 天。氯羟吡啶 125mg/kg 饲料，混饲给药。盐霉素 50～70mg/kg 饲料，混饲给药。莫能菌素 70～125mg/kg 饲料混饲给药。敌菌净磺胺合剂（敌菌净与磺胺二甲基嘧啶以 1:5 混合）以 200mg/kg 饲料混饲给药。

2. 鸡组织滴虫病

鸡组织滴虫病又称传染性盲肠肝炎或单孢虫病。是由组织滴虫引起鸡的一种急性原虫病，其他禽类有时也可发生。本病可导致肝脏产生特异性、坏死性病灶和盲肠溃疡，故称为盲肠肝炎。部分鸡表现头部皮肤呈现暗紫红，故又称为黑头病。多在温暖潮湿季节发生，以 4～6 周龄雏鸡最易感染。

主要症状：本病潜伏期一般为 15～21 天，最短 5 天。病鸡表现精神委顿，闭目呆立，怕冷，拥挤成堆；食欲减退或消失，羽毛松乱，两翅下垂，排出淡黄色或绿色稀粪，严重者带血；鸡头部皮肤常呈蓝紫色或黑色。如不及时治疗，10天左右可死亡，死亡率有的可高达70%。

病理变化：盲肠肝炎的病变局限于盲肠及肝脏，一侧或两侧盲肠肿大，肠壁肥厚，盲肠内常充满干燥坚硬、干酪样物或坏死块，胆管异常膨大。有的盲肠黏膜坏死、形成溃疡，甚至肠壁穿孔，引起腹膜炎。肝脏肿大，表面形成特征性的坏死溃疡灶，坏死灶圆形或不规则形，中则稍下陷，呈黄色或灰绿色，边缘略隆起，大小不一。

防治措施：

（1）治疗。对病鸡可用甲硝唑（灭滴灵），配成0.05%水溶液代替饮水，连用7天，停药3天，再用7天。严重病鸡也可按每千克体重直接投服灭滴灵0.1mg，每天2次。

（2）预防。搞好鸡舍清洁卫生，定期用左旋咪唑等药物驱除鸡盲肠中的异刺线虫。同时，应注意消灭鸡舍内的蚯蚓，粪便堆积发酵消毒。

3. 鸡蛔虫病

鸡蛔虫病是由蛔虫寄生于鸡的小肠引起的一种蠕虫病。影响雏鸡的生长发育和母鸡的产蛋性能，严重时可引起雏鸡大批死亡，对养鸡业危害较大。

主要症状：雏鸡生长发育不良，精神萎靡，行动迟缓或呆立不动。翅膀下垂，羽毛膨乱，鸡冠苍白，黏膜贫血。消化机能障碍，食欲减退，逐渐消瘦，下痢和便秘交替发生，有时排出稀粪，在粪中混有带血的黏液或虫体，以后逐渐衰弱死亡。成年鸡多属轻度感染，不表现症状，个别严重感染的出现生长不良，贫血，母鸡产蛋减少和下痢等症状。

病理变化：剖检可见小肠有炎症，肠管扩张，黏膜充血水肿，有时存在出血点，肠内黏液增多，肝脏淤血，成虫寄生期可发现大量成虫。

防治措施：

（1）治疗。对病鸡可选用丙硫苯咪唑，按25mg/kg体重，一次口服；或左咪唑，按25mg/kg体重，一次口服；也可用丙氯咪唑，按40mg/kg体重，直接投服或混入饲料中让鸡自食。

（2）预防。雏鸡与成年鸡分群饲养，对鸡群每年定期进行驱虫，以免散布病原。运动场地经过一定时间后，要铲去表土，垫上新土，或进行翻耕，以减少感染。鸡舍、运动场地保持清洁干燥。饲槽、用具等经常清洗和消毒，鸡粪发酵处理，防止鸡吞食感染性虫卵。

（四）其他疾病

1. 鸡蛋白质缺乏症

蛋白质缺乏症主要就是由于搭配饲料中蛋白质的含量较低或品质低劣，特别是动物性蛋白质太少，不能满足需要而引起的。当然有时饲料中缺少必需的氨基酸也会引起本病。本病主要发生在雏鸡和产蛋母鸡。

主要症状：雏鸡蛋白质缺乏症主要表现为生长发育迟缓，皮下水肿，贫血，鸡冠苍白，机体虚弱，抗病力较差，易感染其他传染病，甚至死亡。产蛋鸡缺乏时主要表现为产蛋量减少或长期不产蛋，蛋内有时可见出血点。另外，病鸡也时有食羽毛等恶癖。公鸡主要表现为精子活力降低，受精率及孵化率下降。

防治措施：防治措施本病主要在于合理搭配饲料，保证蛋白质和必需氨基酸的供应量。一般来说，在鸡的日粮中蛋白质饲料的含量。雏鸡和肉用鸡应占18%～20%，产蛋鸡占15%～16%，其中动物性蛋白质饲料（如鱼粉等）应不少于3%。如鸡群中发现有病鸡，应及时补给适量的蛋白质饲料和必需的氨基酸。

2. 维生素A缺乏症

维生素A（V_A）是鸡生长发育所必需的营养物质，也是维持视觉、保持器官黏完整性所必需的物质。V_A缺乏时，不仅可引起雏鸡生长发育不良，还可引起眼球变化，视觉障碍，降低呼吸道、消化道的抵抗力，容易感染疾病，造成经济损失。

主要症状：雏鸡V_A缺乏时一般表现精神委顿，食欲减退，生长停滞，发育不良，消瘦虚弱，羽毛松乱，走路不稳，喙和小腿部皮肤的黄色发淡或消失。两眼怕光，流出水样或乳样分泌物，有的眼睛干燥。死亡率很高。

成年鸡多为慢性经过，主要表现精神委顿，食欲减退，产蛋下降，种蛋受精率和孵化率降低，身体消瘦，冠髯苍白，羽毛无光泽，两脚无力，步态不稳，往往以尾支地，甚至伏卧地上。特征症状是病鸡眼中流出一种乳白色黏性分泌物，上下眼睑往往被粘着在一起，以后变成豆腐渣样物质，造成失明，最后角膜软化，眼球下陷，甚至穿孔，有的病鸡鼻孔中流出黏稠分泌物，造成呼吸困难，常张口呼吸，有时还伴有"咕噜"声。

病理变化：剖检可见口、咽、食道黏膜上有许多灰白色的小结节，有时会融合成一片黄白的假膜覆盖在黏膜表面，这种假膜很易剥离，可以与白喉性鸡痘相区别。另外，肾肿大、呈灰白色，肾小管、输尿管内充满白色的尿酸盐，严重时心包、肝、脾表面均有白色尿酸盐沉积。

防治措施：

（1）治疗。病重的成年鸡，每天可口服鱼肝油丸1丸，雏鸡每天滴服鱼肝油数滴，也可肌内注射维生素AD注射液，每只0.2mL。对眼部有病的鸡，可用2%～3%的硼酸水冲洗，并涂以抗生素软膏，每天一次。

（2）预防。加强饲养管理，消除可能导致维生素A缺乏的各种病因，保证供给充足的维生素A或维生素A原饲料。

3. 维生素E缺乏症

维生素E（V_E）又叫生育酚，是一种很强的生理抗氧化剂，具有维持机体正常生育功能，促进生长繁殖，维持肌肉、神经结构和功能，改善血液循环状态等作用。另外，维生素E和微量元素硒在一定范围有着特殊密切的关系，它们既不能相互代替，又不能截然分开。因此，维生素E缺乏多与硒缺乏同时发生。

主要症状：本病多发生于雏鸡和育成鸡，主要症状为脑软化症、渗出性素质和肌营养不良等特殊症状，常造成大批死亡。

（1）脑软化症。又称小鸡癫狂病，一般发生在2～4周龄的幼鸡，表现共济失调，两脚痉挛，头向后方或向下方挛缩，有时向侧方扭转，丧失平衡，连连拍翅，边向后仰倒，或向前冲，最后痉挛衰弱而死。

（2）渗出性素质。一般发生在 3～8 周龄的鸡，除缺乏维生素 E 外，与硒还有关系。病鸡表现头、颈、胸及大腿内则出现皮下水肿，严重的可能发展到喙的下面。水肿的皮肤呈红黑或蓝黑色，也有蓝紫色。有的病鸡由于腹部皮下液体积聚，致使雏鸡运动困难，站立时两脚分叉距离加大。穿刺皮肤，常流出一种蓝绿色黏性液体。

（3）肌营养不良。又称白肌病。多发生在 1 月龄前后的雏鸡，一般认为与维生素 E 和含硫氨基酸同时缺乏有关。病雏主要表现精神沉郁，消瘦衰弱，生长发育不良，羽毛松乱，行走无力，陆续死亡。剖检可见骨骼肌，尤其是胸肌的肌纤维呈淡白色条纹状。成年母鸡缺乏维生素 E 后，虽可产蛋，但孵化率显著降低，成年公鸡繁殖机能减退。

防治措施：

（1）治疗。发现本病，应注意增喂富含维生素 E 的饲料。对于脑软化症的病雏，可每天口服维生素 E5 单位，连用 3～4 天；对于渗出性素质及白肌病的病雏，可于每千克饲料中添加维生素 E20 单位（或植物油 5g）、亚硒酸钠 0.2mg、蛋氨酸 2～3g，连用 2～4 周。

对于成年鸡发生维生素 E 缺乏时，可于每千克饲料中添加维生素 E10～20 单位，或植物油 5g，或大麦芽 30～50g，连用 2～4 周，并酌喂青料。

（2）预防。为了预防维生素 E 缺乏，平时应注意加强饲养管理，提高其抗病力，并在饲料中增加青绿饲料和带谷皮的籽实饲料，或定期喂给大麦芽、谷芽、中药黄芪和植物油等富含维生素 E 的饲料。

4. 维生素 B_1 缺乏症

维生素 B_1 又称盐酸硫胺素，是机体内碳水化合物代谢所必需的物质。缺乏时可引起鸡食欲减退，发生多发性神经炎。

主要症状：患鸡主要表现腿、脚、翅、颈等肌肉麻痹，不能站立，常把身体坐在自己屈曲的腿上。由于颈前肌肉麻痹，头向后仰，呈"观星"状或垂直坐地，倒地不起。体温下降，贫血、下痢、皮肤水肿，瘫痪死亡。

防治措施：

（1）治疗。病鸡可按每千克体重口服盐酸硫胺素 2.5mg，或每千克饲料中添加 2～3mg 喂服。也可用维生素 B_1 注射液，按每千克体重 0.25～0.5mg 肌内注射。

（2）预防。加强饲养管理，平时多喂给富含维生素 B_1 的饲料，如新鲜青绿饲料、发芽的谷物、麸皮、米糠、酵母等。

5. 钙缺乏症

钙磷是鸡体内很重要的一种常量元素，大约 99% 用于构成骨骼和蛋壳，其余分布于细胞和体液中，对维持神经、肌肉、心脏的正常功能及体内酸碱平衡、促进内伤口血液迅速凝固等具有重要作用。饲料中含钙不足，或饲料中含磷过多或钙、磷比例失调，影响钙的吸收，或缺乏维生素 D 等，均可发生缺钙症。

主要症状：雏鸡缺钙时，主要表现生长发育迟缓，骨骼发育不良、质脆易折断，或变软易弯曲，严重时两腿变形外展，关节肿大，站立不稳，与维生素 D 缺乏症相似。成年蛋鸡缺乏时最初产薄壳蛋或软壳蛋，蛋壳易破碎，产蛋减少，继而骨骼变松变脆，导致自发性骨折。

防治措施：加强饲养管理，调整日粮中营养成分的比例，适量添加鱼粉、骨粉、贝壳粉或石粉，以保证钙的含量，并增加运动和光照。一般雏鸡要求饲料中含鱼粉5% ~ 7%，骨粉1.5% ~ 1.8%，贝壳粉0.5%。产蛋鸡从18周龄左右开始，贝壳粉应增加到2%；20周龄后进入产蛋期时，要求饲料中含骨粉1.5%、贝壳粉5.5%；38周龄后及天气炎热时，贝壳粉可加至6.5%。

在防治措施钙缺乏时，应注意防止钙质过多。过多的钙质会形成钙盐在肾脏中沉积，损害肾脏，阻碍尿酸排出，促进痛风病的发生。成年鸡还会出现采食、产蛋减少，蛋壳上有钙质颗粒，蛋的两端粗糙等现象。

6. 笼养蛋鸡骨质疏松症（疲劳症）

笼养蛋鸡骨质疏松症，又称产蛋鸡笼养疲劳症、瘫痪症或腿病，是指产蛋母鸡骨骼明显变脆，腿软无力，肋骨、肋软骨结合处出现念珠状病变的一种疾病。常在夏季笼养高产蛋鸡群中发生。

由于饲料中缺磷或钙磷比例失调，维生素D缺乏及笼舍内活动余地太小，母鸡长期站立，运动不足等因素，都可导致本病的发生。

主要症状：本病的特征是病鸡腿软无力，不能站立。病初食欲尚好，产蛋基本正常，随之站立困难，常蹲伏不起，两腿麻痹，骨质疏松、变脆，易发生骨折，肌肉松弛，翅膀下垂，胸骨凹陷，最后因脱水、消瘦、衰竭而死。越是高产的蛋鸡，越容易发生瘫痪，无明显症状的母鸡，所产的蛋蛋壳薄，质量差。

病理变化：剖检可见其肋骨与胸廓变形，椎肋与胸肋交接处呈串珠状，腿骨薄而脆。

防治措施：

（1）治疗。发现病鸡，可将其移至平地上放养，病鸡只要腿脚没有严重畸形或伤残，大多可自然康复。

（2）预防。加强饲养管理，调整日粮中钙磷比例，注意补给骨粉、贝壳粉以及含钙、磷多的饲料，使日粮中钙的含量不低于3.2% ~ 3.5%，有效磷保持在0.4% ~ 0.42%，并适当补充维生素D等维生素和其他矿物质。另外，日粮中可适当增加2% ~ 3%的脂肪或植物油，并给以充足的光照，保持环境安静，减少应激等，可有效地防止本病的发生。

7. 鸡啄癖

鸡啄癖是啄肛、啄羽、啄趾、啄蛋甚至啄肉等恶癖的统称。这是大群养鸡时很容易发生的一种非常复杂的常见疾病。不同日龄、不同品种、不分季节，无论平养或笼养的鸡均可发生。由于相互啄食，往往造成创伤，甚至死亡。

造成啄癖的原因很复杂，而且也不甚明确，即使在同一个鸡场，这种恶癖常常发生在某一栋鸡舍或某一个围栏内，而在类似饲养环境条件下的其他舍栏内却不发生。一般认为，啄癖的发生可能有以下几方面原因。

（1）饲养管理方面。成年母鸡产蛋箱太少、太简陋，或光线较强，产蛋后鸡不能很好地伏窝休息，往往由于其他鸡的骚扰或伏在窝里不舒服，过早地出箱，如此日久，就会造成脱肛，其他鸡见到红色黏膜就会去啄，引起啄肛。群体饲养密度过大，鸡舍内和运动场都很拥挤，不便休息、活动。鸡舍内光线过强，或通风不良，潮湿闷热，以至不能舒适地休息。个别鸡发生外伤时，其他鸡出于好奇去啄，越啄越厉害。育雏器内灯泡太低太亮，光线从某种角度照射到雏鸡脚蹼上，上面的血管好似一条小虫，其他鸡就会去啄。另外，当食槽过高时，部分雏鸡由于吃不上饲料，也有可能引起啄趾。

（2）饲料营养方面。饲料中缺乏食盐时，鸡往往为了寻求有咸味的食物，而引起啄肛、啄皮肉或吮血。饲料中缺乏蛋白质或含硫氨基酸（蛋氨酸、胱氨酸），很容易引起啄羽。饲料中缺乏某些微量元素或维生素时，也容易发生啄癖。饲料中糠麸太少，体积较小，往往代谢能得到了满足而本身没有饱感，或种鸡因限量饲喂，没有吃饱，这样可能会引起啄癖。饲料中掺有未被充分粉碎的肉块、鱼块，也易引起啄肛、啄肉。

（3）其他方面。虱、螨等体外寄生虫的刺激。鸡缺乏沙浴，或饲料中缺少沙粒。有些可能是个别鸡偶尔啄一下，啄破流血后，其他鸡都跟着去啄。

主要症状：

（1）啄羽癖。表现为啄羽、啄尾，或自啄、或被啄、或互相啄，啄得羽毛不全，皮肉暴露，并可迅即成为啄肉癖。产蛋量下降。

（2）啄肉。除啄肉外，也啄冠、肉髯，育雏期还可见啄眼圈、头、背、趾等。严重者，或将眼啄瞎，或将整个爪啄吃光，或将皮肉啄破流血，活活将鸡啄死。

（3）啄肛癖。为最严重的一类啄癖，常发生于雏鸡和产蛋鸡。肛门一经啄破，则群相争啄，群起而攻之，直至肠脱坠地。患有白痢病雏鸡，肛门周围沾满白灰样粪便，也常引起群雏争啄。

（4）食蛋癖。多见于产蛋盛期，母鸡自己把蛋啄食，或群鸡前来争食。

（5）异食癖。多见于中鸡或成年鸡。表现为啄食陈旧的石灰渣、砖瓦砾、陶瓷碎块，吞食被粪尿污染的羽毛、木屑等。病鸡常见有消化不良、羽毛无光、机体消瘦等症状。

防治措施：

（1）治疗。发现鸡群有啄癖，要采取紧急措施。对鸡已被啄破并流血的地方，要涂抹颜色较暗并带有气味的药物，如臭药水、紫药水、鱼石脂等；对已被啄伤的鸡，要及时从鸡群中分离出来，分开饲养。发病鸡舍的灯光不要太强，可换上40瓦的红灯泡。

（2）预防。加强饲养管理，不同品种、不同年龄和不同强弱的鸡不要在一起饲养。鸡舍的温度和密度要保持适当，地面要干燥，勤换垫料，通风良好，要充分供给饮水，舍内光线不能太强，使鸡群能看到吃料和饮水就行。在配合饲料中，动物性饲料要占5%～10%，增多含硫氨基酸的成分，并使粗蛋白质的含量在雏鸡的饲料中保持18%～20%，在青年鸡的饲料中保持在14%～18%。矿物质饲料应占3%～5%，食盐含量占0.2%～0.3%，各种维生素也要充分供给。对出壳后8～10日龄的雏鸡进行断喙，以彻底防止啄癖的产生。

第六章　肉鸡生产

第一节　肉鸡品种及肉仔鸡生产特点

一、肉鸡品种

目前，我国饲养的快大型肉鸡品种有美国的爱拔益加，艾维茵、哈巴德、印第安河、英国的罗斯，法国的明星等。饲养最多的是爱拔益加和艾维茵等品种。

1. 爱拔益加（简称 AA）

AA 肉鸡是由美国 AA 育种公司育成的 A、B、C、D 四系配套的肉用种鸡。其父母代种鸡 66 周龄总产蛋 193 枚，合格蛋 185 枚，总孵化率 88%，高峰期产蛋率可达 90%，每只入舍母鸡可提供雏鸡 159 只，产蛋期死亡率 2%～4%，肉仔鸡公母混养 7 周龄，体重 2.675kg，饲料转化率 1.92。该鸡生长快，肉质细嫩，肉色好，很受外商欢迎。因此，在所有肉鸡品种中存养量最大。

2. 艾维茵肉鸡

艾维茵肉鸡是美国艾维茵国际有限公司培育的优良肉用种鸡。其父母代种鸡产蛋多、孵化率高，65 周龄产蛋 185 枚/只，合格蛋 175 枚，平均孵化率 86%，提供雏鸡 151 只，高峰期产蛋率达 85%，产蛋期死亡率 3%～7%，肉仔鸡具有成活率高、增重快、耗料少等优点。7 周龄体重 2.52kg，饲料转化率 1.89，成活率 98% 以上。

二、肉仔鸡生产特点

（一）肉鸡的特点

1. 生性能很高，其生长迅速，饲料报酬高，周转化快

快大型肉鸡的生产性能已达 6 周龄公母平均体重 2 000g 以上，料肉比（1.6～2.0）：1 左右，每栋舍年可饲养 5～7 批。

优质型肉鸡也已做到母鸡 60 天上市，上市体重达 1 300～2 000g，料肉比 2.5以下。

2. 对外界环境的适应能力弱

要求有相对稳定的环境，肉仔鸡育雏温度应比蛋雏鸡高 1～2℃，达到正常体温的时间肉仔鸡也晚于蛋雏鸡。耐热性差，高密度饲养时，夏季高温时极易中暑死亡。

3. 抗病力弱

肉鸡的快速生长，大部分营养都用于肌肉生长方面，容易发生各种呼吸道疾病、大

肠杆菌病等一些常见性疾病，一旦发病，还不易治好。肉鸡对疫苗的反应也不如蛋鸡敏感，常常不能获得理想的免疫效果，稍不注意就容易感染疾病。

肉鸡的快速生长加重了机体各部的负担，特别是3周内的快速生长，使机体始终处在应激状态下，使其容易发生肉鸡特有的猝死和心包腹水综合征。

由于肉仔鸡的骨骼生长不能适应体重增长的需要，容易出现腿病。另外由于肉鸡胸部爬卧时长期支撑体重，若后期管理不善在，常常会发生胸部囊肿。

4. 适合于大规模集约化饲养

肉鸡性情温驯，活动速度较缓，适合于大规模集约化饲养。

（二）肉鸡生产特点

（1）生产周期短，每批可在2个月之内完成，饲养优质型肉鸡每批也可在3个月之内完成。

（2）肉鸡饲养要求规模效益，每只鸡的纯利润较低，必须有一定规模。

（3）肉鸡生产必须把"成活率放在第一位，"一般成活率在92%才能保证盈利。

（4）肉鸡实际全进全出制。

（5）肉鸡饲养应采用全价颗粒饲料，没有充足的营养，肉鸡就不可能充分地发挥其生产性能。

（6）肉鸡饲养必须有完善的防疫卫生、疾病控制措施，集约化饲养的肉鸡对疾病的抵抗力较差，鸡群一旦发病就很难控制，造成极大的损失肉鸡生长快、产肉多、饲料转化率高、饲养周期短、效益好。如何保证肉鸡的快速生长，就要根据其生长快、营养要求高、疾病多等特点进行科学的配方设计，确保肉鸡这一快速生长遗传潜能的发挥。

第二节 肉鸡生产设施

一、肉鸡场选址与鸡舍的要求

（一）场址选择

饲养300~500只肉鸡，可以养在庭院内，但此时院内就不能再饲养蛋鸡、鸭、鹅等其他禽类，以免其他禽类的疾病传染给肉鸡。

（1）饲养规模扩大到1000只以上时，就应该搬到村外，以免村内鸡群间疾病的相互感染。为了便于管理，几家可以在村外联合饲养，但合在一起的规模不要过大，一般不要超过2万只，并且必须一起进雏，采取全进全出的饲养方式，统一防疫管理。

（2）场址应选在地势高燥、背风向阳的地方，鸡舍南向或南偏东向，以利夏季通风或冬季保温。

（3）应该远离其他养殖场，距离应不少于5km，距公路不应少于100m。

（4）地面最好有一定的坡度，便于排放污水和雨水。

（二）鸡舍要求

肉鸡舍的结构和使用材料直接关系到舍内环境控制能力的强弱和方便程度，在很大程度上决定着肉鸡饲养的成败，必须根据肉鸡生产的特点来设计建造或改进肉鸡舍。肉鸡舍应该满足以下条件。

1. 肉鸡舍应有相当的隔热保暖性能

（1）肉鸡生产基本上是个育雏过程，需要较高较稳定的温度。生长后期为提高饲料利用率，舍温要求能维持在20℃左右。

（2）40日龄以后的肉鸡不耐高温，夏季的高温影响生长，易因中暑而死亡。在建筑上要考虑隔热能力，特别是房顶结构，一定要设法减少夏季太阳辐射热的进入。

2. 肉鸡舍应具有相当良好的通风换气能力

肉鸡饲养的后期，舍内环境控制的主要手段是通风换气，还要考虑到肉鸡地面平养的饲养特点。无论采取自然通风还是机械通风，整个地面都要保持一定速度的均匀气流。机械纵向通风是比较先进的方法。采用自然通风方式时，可在开间的顶部设直径为50cm的带盖天窗，以便排出顶部废气。除一般的窗户外，每个开间的前后在贴近地面处需设高50cm、宽70cm左右的地窗，以利于地面肉鸡空间的通风换气，窗上要安装能防老鼠和野鸟的铁丝网。

3. 肉鸡舍的设计还必须便于消毒防疫

疫病的预防是饲养肉鸡的重要环节，根据肉鸡饲养全进全出的生产特点，鸡舍必须便于冲刷消毒。鸡舍地基应高出自然地面25cm以上，舍内应有2%~3%的坡度，有条件的应该做成水泥地面。房顶和墙壁应该平整，尽可能地减少容易沉积灰尘细菌等污物的地方。舍外四周需要有25~30cm深的排水沟并需硬化处理。

如果肉鸡舍能满足控制微生物的环境需要，满足前期育雏和后期生长对环境的要求，克服昼夜温差和季节变动对舍内环境的影响，肉鸡的饲养成功就不再是困难的事了。

（三）简易肉鸡舍介绍

从以上对肉鸡舍的要求来看，鸡舍并不是越简单越好，需要有一定的投入。只有在满足肉鸡生长基本条件的基础上才可以考虑降低鸡舍投资的问题。在华北地区完全用塑料大棚来饲养肉鸡，夏季和冬季都是相当困难的，并且塑料棚虽然一次性投资小，但使用年限很短，以单位投资生产毛鸡重计算未必经济，所以还需要改进。

简易鸡舍跨度可在7m左右，房檐高1.8~2m，顶高3.8m左右，长度以每1 000只鸡15m计。屋顶可铺4cm厚的泡沫塑料板，这样冬季能保暖，夏季也隔热。北墙可以用砖垒成单墙，每开间的墙上下都设一个高50cm、宽70cm的通风窗。通风窗不设窗框，垒成花墙，在育雏初期可用砖将花墙通风窗堵实，寒冷季节可在墙外再覆上塑料布。南墙可以用双层塑料布替代，二层塑料布之间距离为25~30cm。育雏初期通风时将内侧塑料布的上方和外侧塑料布的下方掀开，形成通风口，随日龄增加可逐渐加大通风口面积，必要时可以完全去掉塑料布，只用网拦住即可。舍内可以用地炕或烟道取暖，火口可以设在北墙的外侧。

利用废旧房屋做鸡舍时，需注意增设窗户改进通风状况，同时注意增强保温能力，清除鼠害等。

二、肉鸡饲养阶段划分和环境要术

(一) 鸡饲养阶段划分

肉鸡分二阶段饲养：0～3 周为育雏阶段，4～9 周左右为育肥阶段。

(二) 环境要求

1. 温度 (表 6 - 1)

表 6 - 1   肉鸡饲养温度要求

周龄	1	2	3	4	5 周龄以后
范围 (℃)	31～35	28～30	25～27	22～24	18～21

2. 湿度 (表 6 - 2)

表 6 - 2   肉鸡对湿度要求

周龄	1～4 周龄	5 周龄以后
湿度范围 (%)	60～70	50～60

3. 光照 (表 6 - 3)

表 6 - 3   肉鸡饲养光照的要求

日龄	1～3	4～5	6～7	8～9	10～35	36～42	43～上市
光照 (小时/天)	24	22	20	18	16	20	22

光照强度应由强到弱逐渐随日龄的增加而降低，舍内每 20m² 用一盏白炽灯泡，灯泡高度距饲养面 2～2.2m。0～2 周用 60 瓦灯泡，从第三周开始可用 25 瓦灯泡，实际应用中，应根据实际情况调整，总原则是后期使鸡可以看见饲料，工作时可以看见。

延长光照时间是为了延长肉鸡的采食时间，促进生长。一般情况下可采取每天 22 小时光照、2 小时关灯的方法。

农村常常有前半夜停电现象，可在后半夜来电时进行光照，这样并不影响肉鸡的生长。24 小时照明并非有利，肉鸡也需要有黑暗睡眠的时间。

炎热的夏季，肉鸡主要靠夜间凉爽时采食，夜间应尽可能地保持较长时间的光照。

4. 饲养密度

饲养密度是否合适，主要是看能否始终维持鸡舍内适宜的生活环境。应根据鸡舍的结构和鸡舍调节环境的能力，按照季节和肉鸡的最终体重来增减饲养密度 (表 6 - 4)。如果饲养密度过大，肉鸡休息、饮食都不方便，秩序混乱，环境越来越恶化，则鸡群自然生长缓慢，疾病增多，生长不一致，死亡率增加。

表6-4　肉鸡的饲养密度

类别	地面平养（只/m²）		网上平养（只/m²）	
最终体重	夏	春秋冬	夏	春秋冬
1.8kg	10~12	12~14	12~14	13~16
2.5kg	8~10	10~12	10~12	10~13

冬季地面平养，因为通风受温度的限制，易发生呼吸道病，一般情况不宜增加饲养密度。

经验不足的农户，开始应以较低的密度饲养肉鸡，才能获得较高的成功率。

5. 通风与换气

在保持鸡舍适宜温度的同时，良好的通风是极为重要的。肉鸡的生命活动离不开氧气，充足的氧气能促进鸡的新陈代谢，保持鸡体健康，提高饲料转化率。

良好的通风可以排出舍内水气、氨气、尘埃以及多余的热量，为鸡群提供充足的新鲜空气。通风不良，氨气浓度大时会给生产带来严重损失。表6-5所示是氨气对肉鸡生产影响的试验结果，表6-6所示是在不同气温下肉鸡每千克体重每分钟所需的换气量。

表6-5　氨气对肉鸡生产的影响

氨气（mg/kg）	8周龄体重比（%）	料肉比	胸部囊肿发生率（%）	气囊炎发生率（%）
0	100	2.1	3.4	0
25	98.1	2.15	14	3.5
50	94.5	2.19	11.9	4.1

表6-6　不同气温下肉鸡每千克体重换气量

空气温度（℃）	每千克体重的空气需求量（相对湿度60%）立方/分钟
41	2.7
38	2.6
35	2.5
32	2.4
29	2.2
24	2.0
18	1.7
13	1.4
7	1.1
0	0.8

注：当相对湿度超过60%，换气量应依比例增加，例如，当相对湿度为90%时，空气流动量亦须增加50%

实际生产中，许多饲养者在育雏初期往往只重视温度而忽视通风，严重时会造成肉鸡中后期腹水症增多。二周、三周、四周龄时通风换气不良，有可能增加鸡群慢性呼吸道病和大肠杆菌病的发病率。中后期的肉鸡对氧气的需要量不断增加，同时，排泄物增多，必须在维持适宜温度的基础上加大通风换气量，此时，通风换气是维持舍内正常环境的主要手段。

第三节 肉鸡的饲养管理

一、饲养肉鸡前的准备

（一）选择合适的饲养方式

1. 地面平养

在地面上铺7～10cm厚的垫料，加保温伞育雏，保温伞的外围1.5m处加护围，放足料槽与水槽。以后随鸡只的增大，扩大护围面积，提高保温伞的高度，增加料水槽。此方式优点为：投资少、方便易行，减少软腿病及脚趾瘤病，也可使用煤炉取暖，但要注意防止炉边垫料燃引起火灾。

2. 土火炕保温法

在鸡舍设置地下火道，火道上面再装置塑料棚，使有效热皆能控制在棚内，温度可35℃，此法育雏投资少，成活高，在电源无保证农村可采用此法。

3. 网上平养

在鸡舍离地面40～60cm高处，铺设竹排，上铺塑料育雏网，小鸡在网上饲养，粪便从网上漏下，节省垫料与劳力，提高饲养密度减少疾病，但投资较大。

4. 笼养与地面平养结合

21天前在地面平养，21天后上笼。

（二）做好接鸡前的准备

1. 备齐饲养器具（表6-7）

表6-7 饲养器具

名　称	规　格	使　用	备　注
饮水器	3kg真空饮水器 6kg自动饮水器	1～7日龄用 8日龄-出栏	50只鸡1个 70只鸡1个
料槽	开食盘 Φ30cm 大号料槽10kg	1～7日龄用 8日龄-出栏	90只鸡1个 35只鸡1个
光照设施	灯头 灯泡	20m² 安装1个 40瓦、15瓦	离地面2m 每个灯头各备1个 7日龄后换15瓦
温度计	100℃		500只鸡提供1个
取暖设施	电保温伞 Φ1.5～2m		500～600只提供1个

若无电保温伞，可用火炕、煤炉等取暖设施。

2. 垫料

用新鲜无真菌的木屑、刨花或稻壳较好。也可据当地条件选择无霉变、无病菌的柔软麦秸、稻草、豆壳、杨树叶、槐树叶、河沙、海沙等。上述垫料也可混合使用，如底下铺一层沙，上面再铺一层麦秸等。

3. 鸡舍和饲料的准备

（1）清扫消毒。所有进场处都要设置消毒池，进大门要有深消毒池，进鸡场要有浅消毒池，所有进场人员都要进行强制消毒，鸡舍应先将垫料、粪便清净运走，用高压水冲刷后，再用3%火碱喷洒消毒。

（2）用清水清洗一切曾用过的用具，干燥一日，将饲养用具放入舍内，闭密鸡舍，然后按21g/m³ 高锰酸钾（或42g 漂白粉）、42mL 福尔马林进行熏蒸消毒。

鸡舍中间走廊上，每10m 一个熏蒸盆，注意盆内先放高锰酸钾或漂白粉，然后从距舍门最远端的一个熏蒸盆开始依次倒入福尔马林，速度要快，以防刺激眼鼻。加完后，迅速撤离封严门。熏后24小时打开门窗、通气孔，充分换气，但人员进入要穿消毒鞋、衣。

（3）将全部准备齐全的鸡舍在进雏鸡前关闭3～4天。

（4）在进鸡前2～3天，通过供温设备，对鸡舍升温，白天达到30℃，夜间32℃。

（5）备足育雏料。

（三）选雏

选择眼大、有神、活泼好动、叫声洪亮、对音响反应敏感、脐部无血斑、钉脐、蛋黄吸收良好、绒毛生长适中、有光泽，握在手中感到饱满有力，极力挣脱的健雏鸡进行育雏。

（四）运雏

应注意以下几点。

（1）养鸡户最好自己押运鸡雏，同时，应掌握一定的专业知识和运雏经验。

（2）事先准备好运雏工具，工具包括有车辆、装雏盒以及防雨、保温工具，其中车辆应采用封闭性能较好的，如面包式客用车辆，短途运输也可采用三轮车、拖拉机等简易工具。最好是特制的消毒过的带空调的保温车。

（3）注意掌握适宜的运雏时间，冬季及早春运雏，雏鸡应尽量在中午启运；夏季运雏应在早晚凉快的启运。并且冬季要盖上棉被或毛毯，以免冻死。雏鸡运输过程中，要随时观察鸡群，调整温度及通风，经常检查，如发现有张口气喘的，应立即上下倒换位置，防止热死、闷死。

（4）在长途运输时更应注意必要时内外、上下之间颠倒雏鸡盒，防止意外颠簸，以免压死雏鸡。

二、肉用仔鸡的饲养管理

（一）1～3日龄的饲养管理

1. 饮水

水分占雏鸡身体的60%～70%，存在于鸡体组织中。由于长途运输和排泄加上育雏室温度高，很易造成雏鸡脱水。因此，雏鸡接回后，应先给雏鸡饮水，2小时后开食。头7天采用20℃左右温开水，水中加入5%葡萄糖、电解多维、抗生素等要有足够的水槽及饮水位置，防止水溢出污染饲料。对饮水器周围污染的垫料要经常更换。

2. 开食

雏鸡饮水2小时后，开食给料。由于小鸡消化机能尚不健全，应喂易消化的粉料或环山301小鸡料，应少喂勤添，昼夜饲喂，一般每2小时饲喂一次，并且头3天一定要在平面上饲喂，用饲料盘或塑料布上均可。

3. 调温

在前3天，通过供暖设备，一定要使保温伞（或塑料棚）下的温度达到并保持在33～35℃，因为温度每变化1℃，到8周龄时，体重就会降低20g，若降低1℃，会多耗料50g，造成饲料浪费。因此，要严格控制温度。

4. 通风

在能够保证鸡舍温度的情况下，应保持空气流畅。在中午可短时间开窗，但要防止贼风吹入。更不可让强风直吹鸡的头部。

5. 光照

雏鸡视力差，为便于认食饮水，在1～3日内昼夜光照，光照强度以鸡刚能看到饲料即可。也可采用21小时光照，2～3小时黑暗，有节奏地开关和喂料，效果比较好。

（二）4～14日的饲养管理

鸡的消化系统趋于健全，且生长快。要求营养丰富容易消化的全价饲料。

1. 采食与饮水

每天给料7次，每次给料量不宜过多，在鸡只同时采食的情况下，半小时吃完为宜。此时应改变饲喂用具，将平盘或塑料布换成料槽或吊桶。饮水应充足、清洁，用具要每天清洗，数量要适当增加。8天以后可用干净的井水或自来水。

2. 断喙

断喙时间可在初生时或6～9日龄时，初生时断喙可直接用断喙刀片烧烙雏鸡的喙尖部分，不必清除。6～9日龄断喙时可切除喙尖1/3左右，然后消毒。

3. 温度

此阶段的鸡能自身产热，周围温度可降至30～32℃，夜间比白天稍高些。

4. 通风

在保持温度的情况下，适当通风，每天开窗约半小时，使空气流通，但不能让强风直吹鸡身。

5. 光照： 光照时间较前3天缩短，每天20小时即可。光照强度2～3瓦/m²。7日龄新城疫 IV 系一传支 H_{120} 二联苗免疫，可滴鼻点眼或饮水皆可。14 日龄法氏囊疫苗饮水免疫。

（三）15～28 日的饲养管理

（1）饲喂。开始逐渐过渡换料，每天饲喂六次，料量不宜过多，避免饲料浪费，保证充足、清洁的饮水。

（2）温度与通风。调节室内温度，保持在 28～29℃，加强通风换气。

（3）光照。此阶段对光照要求不甚严格，除白天自然光照外，夜间开灯 2 小时。

（4）若采用床网上饲养，夏季可考虑落床转移到地面垫沙平养。

（四）29 日龄至出栏的饲养管理

（1）饲喂与饮水。每日饲喂 6 次，适当调整料槽或料桶高度，水槽及饮水器高度与鸡背平齐或超过鸡背。

（2）温度。控制温度在 20～25℃。

（3）通风。此时鸡日龄较大，密度大，代谢旺盛，换气量大，鸡舍内氨气浓度等有害气体浓度增加，要注意加强通风换气，防止引发呼吸道疾病。

（4）光照。每天早晚给鸡群各增加 2 小时的光照。

（5）免疫。在 30 日龄进行新城疫 IV 系苗饮水二次免疫。

（6）注意更换垫料，注意预防球虫。

（7）空舍消毒。

在鸡将出售时，预订下一批雏鸡，待鸡只出售后，将鸡舍彻底清扫消毒，空舍 15 天，再进雏鸡。

三、夏冬季的特殊管理

（一）夏季饲养的特殊管理

夏季天气发热，其管理要点是防止热应激的危害，其管理要点有以下几方面。

（1）增加鸡舍屋顶及外墙的隔热性，具体方法是在屋顶上撒草或树针，增加屋顶隔热，外墙可结合消毒，用石灰水刷白。

（2）合理安排风扇，增加舍内空气流动速度，以降低鸡体感温度。

（3）降低垫料厚度，让鸡只尽量贴近地面，同时更换潮湿垫料，以降低舍内湿度。

（4）最热时可向鸡舍屋顶，处墙间歇喷水，以降温。

（5）炎热时可向鸡舍屋顶投放防热应激药，可用维生素 C300～500mg/kg 饮水或碳酸氢钠 200～800mg/kg 定期饮水。

（6）天气闷热时，将料桶吊起来，在清凉时喂料。

（7）应经常注意天气变化，谨防第一次热应激的危害。

（8）降低饲养密度至 6～8 只/m^2。

（二）冬季饲养的特殊管理

冬季外界气温寒冷，保温、防寒是要点。

（1）减少屋顶散热，舍内无顶棚时应用塑料薄膜吊制临时顶棚。

（2）门口使用棉门帘，以防止门缝，墙角等贼风吹入。

（3）使用天窗通风。

（4）地面平养可增加垫料厚度 1～3cm。

（5）采用在鸡舍中段育雏，两端留有预温带。

（6）合理安装炉子，使用烟囱排烟，增加供热量。

（7）在保温同时，可适当进行早期换气，并严防煤气中毒。

（8）接出雏前 3 天，开始预热鸡舍，保证雏鸡到达时温度。

（9）保证舍内温度。

第四节　其他饲养管理措施

一、日常管理工作

1. 喂料

1～3 日龄，每隔 2 小时给料 1 次

4～28 日龄，每隔 3 小时给料 1 次

28 日龄至出栏，每隔 4 小时给料 1 次

要求：每次给料控制准量，使用规定的时间内刚好吃完。槽内脏物随时清理，料量按每日标准量均分成数次给饲。

2. 喂水

每天洗刷饮水器两次，然后加满水。

要求：1～7 日龄，用 20℃ 左右温开水

8 日龄至出栏，用干净的井水或自来水

注意：贮水缸、桶存水时间不超过 3 天，每 3 天清洗 1 次贮水缸。每次饮水投药后要及时清洗干净，再加清水。

3. 更换脚踏消毒液

每天上午 7:30 更换鸡舍脚踏消毒液。

4. 换新垫料

定期在下午 4:30 清除鸡粪，换新垫料。

5. 根据鸡舍小气候情况，随时调整通风量。

6. 细心观察雏群

每天仔细观察鸡群，至少上下午各 1 次。

（1）注意采食、饮水的快慢和数量，并与前一天的采食量、饮水量进行比较，发现问题要及时查明原因，采取措施。

（2）每天清晨要检查雏鸡的粪便是否正常，正常的粪便为灰绿色，并带有尿碱沉淀的一层白霜，如为黄色浆尿和黄绿色稀粪或粪中带血、稀水等，说明雏鸡有病及时查明原因，采取预防治疗措施。

（3）夜间雏鸡休息时，要仔细听是否有不正常的呼吸声，呼噜的喉音、甩鼻等。

二、扩群

（1）第一次扩群应在 8 日龄左右，平养鸡群可将围圈撤除；

（2）第二次扩群应在 12～18 日龄，可将鸡群逐渐向空闲处疏散；

（3）第三次扩群应在 22 日龄左右，可将鸡群扩满整个鸡舍，这次扩群在夏季可适当提前。

三、换料

在育雏阶段转向育肥阶段时要进行换料，换料时，要有一个过渡阶段，一般需 7 天过渡期，7 天中的头 3 天饲喂 2/3 前期料 + 1/3 后期料，后 4 天饲喂 1/3 前期料 + 2/3 后期料的混合料。

四、肉鸡的上市

（1）上市前 8 小时开始断料，将料桶中的剩料全部清除，同时清除舍内障碍物，平整好道路，以备抓鸡。

（2）提前准备，将鸡逐渐赶到鸡舍一端，把舍内灯光调暗，同时，加强通风。

（3）抓鸡时将鸡围成若干小圈，再支抓鸡，抓鸡时，应用双手抱鸡，轻拿轻放，严禁踢鸡、扔鸡。装筐时应避免将鸡只仰卧、挤压，以防压死或者损伤鸡。装好鸡的筐应及时装车送往屠宅场，夏季时，车上应当洒水，以防热死；冬季时，车前侧应用苫布遮盖挡风，以防冻死、压死鸡。

五、弱残及死鸡的处理

1. 弱残鸡的处理

（1）每舍设立弱残鸡圈 1～2 个，其位置应远离饲料库，其大小应视弱残鸡数量多少而定，密度 8 只/m²，并备有足量的饮水及喂料器具，不限饲不限水。

（2）每天应几次将弱残鸡挑入圈中，服药护理，对无治疗价值的鸡达到一定标准时，可以出售。

2. 死鸡的处理

（1）每舍应设死鸡桶或塑料袋等不渗漏容器，发现死鸡随时拣出，放入其中，严禁从窗口向外扔，严禁死、残鸡放血，防止污染环境，扩散疫源，传播疾病。

（2）死残鸡妥善处理，如深埋、焚烧或煮沸后用做饲料、肥料等。对盛残鸡的容器、场地要严格消毒。

六、减少肉鸡的应激

肉鸡快速生长所造成的娇嫩体质，加之大规模高密度的饲养方式，使肉鸡特别容易产生应激。

应激用通俗的话来说就是使鸡群在生理上和心理上处于严重的紧张状态。在应激状况下，肉鸡的生理活动不正常，胸腺、法氏囊和脾脏等免疫器官萎缩，体内淋巴细胞减少，采食量减少，消化功能紊乱，生长迟缓，抗病能力下降，严重时诱发各种疾病。

以下因素可以造成肉鸡应激。

（1）病原微生物感染和疾病。

（2）接种疫苗。

（3）投予的药品虽然治病，对身体也可能有一定毒性。

（4）饲料中某种营养不足或过剩，或某些物质引起中毒。

（5）温度的不适宜或急剧变化，湿度过大。

（6）饲养密度过大。

（7）通风换气不良，舍内氨气、尘埃过多。

（8）噪声。

（9）捕捉。

对可以避免的应激应尽可能地减少。对诸如免疫之类不可避免的应激，也应设法减缓应激程度，尽量控制在鸡群能承受的范围内。

七、做好记录工作

（1）每日记录实际存栏数、死淘数、耗料数，记录死淘鸡的症状和剖检所见。

（2）每日早晨5：00、下午15：00记录鸡舍的温度和湿度。

（3）记录每周末体重及饲料更换情况。

（4）认真填写消毒、免疫及用药情况。

（5）必须认真记录的特殊事故：

①控温失误造成的意外事故。

②鸡群的大批死亡或异常状况。

③误用药物。

④环境突变造成的事故等。

（6）记录表格（表6-8）

表6-8 肉鸡饲养记录

进雏时间：　　　　数量：　　　　购雏种鸡场：

周龄	日期	日龄	实存	死淘	温度	日耗料	备注

免 疫 记 录

日龄	日期	疫苗 名称	生产 厂家	批号、 有效期限	免疫 方法	剂量	备注

用 药 记 录

日龄	日期	药名	生产厂家	剂量	用途	用法	备注

注：必须按技术员指导用药，防止出现药残问题

第五节　肉鸡的防疫与消毒

一、肉鸡推荐免疫程序

肉鸡推荐免疫程序，见表6－9。

表6－9　肉鸡推荐免疫程序

日龄	免疫疫苗	免疫方法	目的
7日龄	鸡新城疫疫苗	滴鼻或点眼	预防新城疫和传支
14日龄	鸡法氏囊疫苗	饮水（2倍量）	预防肉鸡法氏囊病
21日龄	鸡新城疫疫苗	饮水（2倍量）	预防新城疫和传支
28日龄	鸡法氏囊疫苗	饮水（2倍量）	预防肉鸡法氏囊病

免疫时注意事项：

（1）采用说明书上规定的稀释液稀释，稀释倍数准确。建议采用有色稀释液。其好处是在点眼或滴鼻时，容易发现漏免鸡只。

（2）疫苗应随用随稀释，稀释后的疫苗要避免高温及阳光直射，并在规定的时间内用完。

（3）疫苗使用剂量一定要参照说明书进行。大群接种时，为了弥补操作过程中的损耗，应适当增加10%～20%的用量。

（4）建议首免时采取个体免疫方式（如利用新城疫点眼、滴鼻、饮水等）。其好处是接种剂量相对均匀、准确，能形成强大的局部免疫力。

（5）疫苗可以和抗生素同时使用，但不能混在一起。用过的疫苗空瓶要集中起来

烧掉或深埋。

二、常用消毒药物及带鸡消毒程序

（一）常用消毒药物

1. 氢氧化钠（火碱）

对细菌、病毒和寄生虫卵都有杀灭作用，常用2%浓度的热溶液消毒鸡舍、饲槽、运输用具及车辆等，鸡舍出入口可用2%~3%溶液消毒，注意对人的皮肤、铝制品、棉毛织品和油漆面有损害。

2. 氧化钙（生石灰）

一般加水配成10%~20%石灰乳液，粉刷鸡舍的墙壁，寒冷地区常撒在地面或鸡舍出入口作消毒用。

3. 苯酚（石炭酸）

常用2%~5%水溶液消毒污物和鸡舍环境，加入10%食盐可增强消毒作用。

4. 甲醛溶液（福尔马林）

含甲醛40%的溶液称为福尔马林，0.25%~0.5%甲醛溶液可用作鸡舍用具和器械的喷雾与浸泡消毒。熏蒸消毒要求室温不低于15℃，湿度70%~90%，其用量如下：

（1）鸡舍。每立方米用福尔马林21mL，高锰酸钾10.5g，鸡舍污染特别严重时，福尔马林的用量可以加倍。

（2）种蛋。每立方米用福尔马林21mL，高锰酸钾10.5g，20分钟后通风换气。

（3）孵化器内种蛋。在孵化后12小时内进行，每立方米用福尔马林14mL，高锰酸钾7g，20分钟后，打开通风口换气。

（4）雏鸡。在刚出壳毛未干时进行，每立方米用福尔马林7mL，高锰酸钾3.5g，半小时后打开通风口。

5. 过氧乙酸（过醋酸）

市售商品为15%~20%溶液，有效期6个月，应现用现配。0.3%~0.5%溶液可用于鸡舍、食槽、墙壁、通道和车辆喷雾消毒，0.1%可用于带鸡消毒。

6. 次氯酸钠

含有效氯量14%，可用于鸡舍和各种器具表面消毒，也可用于带鸡消毒，常用浓度0.05%~0.2%。

7. 百毒杀、1210

均为季铵盐类，具有较好的消毒效果，对多种细菌、真菌、病毒及藻类都有杀灭作用，且无刺激性，可用于鸡舍、器具表面消毒。常用量0.1%；带鸡消毒常用量为0.03%。饮水消毒可用0.01%剂量。

8. 漂白粉

有效氯量为25%，鸡场内常用于饮水、污水池和下水道等处的消毒。饮水消毒常用量为每立方米水加4~8g漂白粉，污水池每立方米水加8g以上漂白粉。

9. 威力碘1:（200~400）倍液稀释后用于饮水及饮水工具的消毒；1:100倍液稀释后用于饲养用具、孵化器及出雏器的消毒；1:（60~100）倍液稀释后用于鸡舍带鸡喷雾消毒。

10. 高锰酸钾

0.1% 溶液用于饮水消毒；2% ~5% 水溶液用于浸泡、洗刷饮水器及饲料桶等；与甲醛配合，用于鸡舍、孵化室、种蛋库的空气熏蒸消毒。

11. 酒精、碘酒、紫药水及红汞等

用于鸡局部创伤消毒。

（二）带鸡消毒程序

1. 药物浓度与剂量（表6-10）

表6-10 药物浓度与剂量

品名	浓度	方法	用量
"1210" 消毒剂	1：（2 000 ~4 000）	喷雾	30 ~50mL/m^2
成岛消毒剂	1：1 000	喷雾	30 ~50mL/m^2
"84" 消毒剂	1：（500 ~1 000）	喷雾	30 ~50mL/m^2
过氧乙酸	1：2000	喷雾	30 ~50mL/m^2

2. 使用方法

（1）每天消毒1次

（2）免疫前后各1天（共3天）不带鸡消毒

（3）上述消毒剂交替使用

（4）同时配合3%火碱及5%甲醛地舍外环境进行消毒2次/周

三、商品肉鸡用药程序

1. 1~5 日龄

（1）庆大霉素2 000 ~4 000 单位/只，2 次/天，连饮5天

（2）蒽诺沙星或环丙沙星1 ~2g/10kg 水，2 次/天，连饮5天

2. 11 ~14 日龄

强力霉素1 ~2g/10kg 水，2 次/天，连饮5天

3. 26 ~29 日龄

红霉素200mg/kg 与蒽诺沙星100mg/kg 或环丙沙星100mg/kg 联合应用饮水

4. 36 ~40 日龄

泰洛菌素500mg/kg 饮水

5. 1 日龄抗应激

电解多V、赐益等按说明饮水，5% 葡萄糖或蔗糖饮水。免疫程序

第六节　肉鸡的疫病防控

一、肉鸡常见的疫病

有些疫病在上一章蛋鸡生产中已经叙述，下面介绍几种肉鸡常发疫病。

1. 鸡败血霉形体病（慢性呼吸道病 CRD）

鸡败血霉形体病是由于鸡感染鸡败血霉形体而引起的一类以鸡败血症性变化为主的接触性呼吸道感染的疾病，冬季流行较为严重，1～2月龄鸡最易感染发病。

主要症状：特征是咳嗽、喷嚏、罗音、眼泪、鼻涕、气喘，还表现眶下窦肿胀，典型症状多见于幼鸡，口、鼻流出黏液、呼吸困难。病后期眼睑肿胀，穿出，严重的眼球失明，一般死亡率为5%～10%，病程长达一个月以上。

防治方法：病愈后鸡只都带有霉形体，因而本病难以消灭。常用药物：链霉素饮水或拌料：雏鸡每日用2 000～3 000单位，育成期鸡每公斤体重每日用3万～5万单位，连用3～5天。或成鸡链霉素肌内注射，每公斤体重每次0.5万～1万单位，一天两次，连用2～3天。或土霉素、四环素，按饲料的0.1%～0.2%加入，连喂一周或红霉素0.22g/kg饲料，混合均匀，连喂一周。

2. 传染性禽脑脊髓炎（AE）

传染性禽脑脊髓炎又称流行性震颤，是由鸡脑脊髓炎病毒引起的主要侵害幼鸡，以共济失调和快速震颤特别是头部震颤为特征的一种传染病。各种日龄的鸡均可感染，以1日龄以内的雏鸡最易感。病鸡和带毒鸡是主要传染源，传播方式主要有两种：一种是垂直传染，即种鸡感染后再通过蛋传给后代，一般幼雏在出壳后7～10日内发病，多数在胚胎时就已死亡。另一种是水平传播，通过消化道、呼吸道和外伤进行感染，并在鸡群广泛传播。此外，本病还可通过孵化器传播。本病一年四季均可发生，多数在冬春育雏高潮的月份发病。

主要症状：发病时全身震颤，眼神呆滞，走路不稳，常蹲伏，驱赶时摇摆移动，用跗关节或小腿走动。有时可暂时恢复常态，但刺激后再度发生震颤，病鸡最后因不能采食和饮水衰竭死亡，死亡率可达15%～30%。

防治措施：免疫接种是防治本病的重要手段，灭活苗适用于任何日龄的鸡。

3. 腹水综合征

腹水症是肉鸡生产中的一种常见非传染性疾病，主要发生于20～50日龄快速生长的肉鸡，特征性的表现为腹腔内蓄积大量的液体，心、肝、肺部受到严重的损害，发病率4%～5%不等，病死率很高。

主要症状：病鸡生长发育受阻。脑、腹部的羽毛稀少，腹部膨胀，充满液体，皮肤发红或发绀，斜卧，呼吸困难，缩颈，行动迟缓，食欲减退，逐渐死亡。

防治措施：鸡舍内要湿度适宜、通风良好、垫料干燥，同时，降低饲料中的粗蛋白含量与代谢能含量。对发病鸡群进行限饲并采取减少死亡的措施，如使用利尿剂，防继发感染加用抗生素。

4. 猝死症

由于肉鸡生长很快，个别鸡肌肉、骨骼生长与内脏器官发育不相协调，不能同步，加重了内脏器官（尤其是心、肝）的负荷，往往导致猝死。该病属非传染性的或营养过剩代谢病。采食能力强、采食量大、生长特别快的个体尤为突出。

主要症状：整个鸡群生长良好，少数鸡只特别是个体较大者在活动或吃料、饮水过程中，突然蹦跳，腹部朝上，很快死亡。

防治措施：

（1）每吨饲料中加入 1kg 氯化胆碱，一万国际单位维生素 E，12mg 维生素 B，12mg 维生素 B_{12} 和 900g 肌醇。

（2）减少各种特殊应激，给以安静环境。

（3）适量限制饲喂，在 8~14 日龄中，每天给料时间控制于 16 小时以内，可减少本病的发生。15 日龄后恢复 23~24 小时给料，鸡只的生长速度不会受到太大影响。

5. 黄曲霉素中毒

黄曲霉在自然界中分布很广，特别在玉米、豆饼（粕）、饲料由于堆积时间过长、通风不良、受潮、受热等条件下易生长，并产生真菌的代谢产物真菌毒素。黄曲霉素有 12 种之多，其中，黄曲霉素 B_1 毒性最强，7 日龄以后的雏鸡每只只要吃进 50~60μg 即能引起中毒死亡。

主要症状：病鸡精神委顿、嗜睡、食欲缺乏、消瘦、贫血、排出血色的稀粪，角弓反张、衰竭，死时脚向后强直。

防治措施：平时加强对饲料的保管工作，一旦发现霉变，立即停喂。目前尚无解毒剂，可用盐类泻剂清除嗉囊和胃肠道内容物，补给等渗糖水，0.5% 碘化钾溶液，可用制霉菌素治疗。

6. 一氧化碳中毒

煤炭、煤油或木屑炉在供氧不足的状态下进行不完全燃烧，即可产生大量的一氧化碳气体。育雏室烟道不畅，倒烟或通风不良，使一氧化碳积聚在舍内而引起中毒。

主要症状：急性中毒的鸡为呆立、呼吸困难、嗜睡、运动失调，病鸡发软不能站立，侧卧并表现角弓反张，最后痉挛和惊厥死亡。

亚急性中毒的病雏羽毛粗乱，无光泽发死，食欲减退、精神呆滞，生长缓慢，当室内一氧化碳含量达 0.04%~0.05% 时可引起中毒。

防治措施：检查育雏室中加温取暖设备，防止漏烟、倒烟，保持通风良好，发现中毒则打开门窗，排除一氧化碳，中毒鸡移至空气新鲜舍内，并对症治疗，中毒不深的可很快恢复。

7. 呋喃类药物中毒

呋喃类药物包括痢特灵和呋喃西林，是一种价廉物美的常用抗菌、抗球虫药物，但美中不足的是雏鸡对本品十分敏感，治疗量与中毒量比较接近，如果使用不当，极易引起中毒。

喃西林给雏鸡内服，每千克体重超过 10mg 为中毒剂量，20mg 以上为致死量；痢特灵拌料，预防量不超过 0.01%~0.02%（每千克料中拌 1~2 片），治疗量不超过

0.04%，连续用药时间不能超过 7 天。拌料浓度超过 0.06% 则为极限量，这时稍有拌不匀就会使一部分雏鸡中毒。

主要症状：雏鸡突然尖叫，摇头伸颈，向外奔跑或喙尖触地，转圈，失去平衡而猝倒；有的精神委顿，闭眼缩颈，呆立一隅，行动迟缓，昏迷死亡。轻度中毒的鸡，可缓慢康复。

防治措施：

（1）限量、研碎、拌匀，不超使用期限，可与其他抗生素交替使用。

（2）发现中毒立即停药（或更换已拌药的饲料），有条件时可逐只滴服 10% 葡萄糖水或 0.01% ~ 0.05% 高锰酸钾液数 mL，同时，饮服 5% 葡萄糖水，必要时注射维生素 C 和 B_1。

二、参考免疫程序、用药程序及消毒程序

1. 商品肉鸡免疫程序（表 6 - 11）

表 6 - 11　商品肉鸡免疫程序

7 日龄	新城疫Ⅳ系	1 倍量 ⎫
	新城疫Ⅳ系—传支 H_{120}	1 倍量 ⎬ 混合滴鼻点眼
	肾型传支	1 倍量 ⎭
	有条件的鸡场同时	
	新城油苗 0.3mL/只	颈背皮下注射
14 日龄	法氏囊苗	1 倍量饮水
25 日龄	新城疫Ⅳ系	2 倍量饮水或滴鼻点眼、喷雾

2. 带鸡消毒程序

（1）药物浓度与剂量（表 6 - 12）。

表 6 - 12　药物浓度与剂量

品名	浓度	方法	用量
"1210" 消毒剂	1 : （2 000 ~ 4 000）	喷雾	30 ~ 50mL/m²
成岛消毒剂	1 : 1 000	喷雾	30 ~ 50mL/m²
"84" 消毒剂	1 : （500 ~ 1 000）	喷雾	30 ~ 50mL/m²
过氧乙酸	1 : 2 000	喷雾	30 ~ 50mL/m²

（2）方法。

①每天消毒 1 次

②免疫前后各 1 天（共 3 天）不带鸡消毒

③上述消毒剂交替使用

④同时配合 3% 火碱及 5% 甲醛地舍外环境进行消毒 2 次/周

3. 商品肉鸡用药程序

（1）1 ~ 5 日龄。

①庆大霉素 2 000～4 000 单位/只，2 次/天，连饮 5 天

②蒽诺沙星或环丙沙星 1～2g/10kg 水，2 次/天，连饮 5 天

（2）11～14 日龄。强力霉素 1～2g/10kg 水，2 次/天，连饮 5 天

（3）26～29 日龄。红霉素 200mg/kg 与蒽诺沙星 100mg/kg 或环丙沙星 100mg/kg 联合应用饮水

（4）36～40 日龄。泰洛菌素 500mg/kg 饮水

（5）1 日龄抗应激。电解多 V、赐益等按说明饮水，5% 葡萄糖或蔗糖饮水。